走进大自然丛书

ZOUJIN DAZIRAN

CONGSHU

shen　　nanxiang

（最新版）

大自然的神秘现象

本书编写组◎编

世界图书出版公司

广州·北京·上海·西安

图书在版编目（CIP）数据

大自然的神秘现象／《大自然的神秘现象》编写组
编著 . — 广州：广东世界图书出版公司，2010. 1 （2024.2 重印）
ISBN 978 - 7 - 5100 - 1606 - 6

Ⅰ . ①大… Ⅱ . ①大… Ⅲ . ①自然科学－青少年读物
Ⅳ . ①N49

中国版本图书馆 CIP 数据核字（2010）第 017612 号

书　　名	大自然的神秘现象	
	DAZIRAN DE SHENMI XIANXIANG	
编　　者	《自然的神秘现象》编写组	
责任编辑	李翠英	
装帧设计	三棵树设计工作组	
出版发行	世界图书出版有限公司　世界图书出版广东有限公司	
地　　址	广州市海珠区新港西路大江冲 25 号	
邮　　编	510300	
电　　话	020-84452179	
网　　址	http://www.gdst.com.cn	
邮　　箱	wpc_gdst@163.com	
经　　销	新华书店	
印　　刷	唐山富达印务有限公司	
开　　本	787mm×1092mm　1/16	
印　　张	10	
字　　数	120 千字	
版　　次	2010 年 1 月第 1 版　2024 年 2 月第 12 次印刷	
国际书号	ISBN　978-7-5100-1606-6	
定　　价	48.00 元	

前　言

　　在人类已经生活了百万年的地球上，沙漠之中会突然出现一片绿洲，天上会下起五颜六色的雨；峨眉山之巅的佛光是圣迹显灵吗？大海中为何会有一个被称为"魔鬼三角"的"平行世界"？叮咚泉水如何具有治病救人的灵气？终年冰雪覆盖的南极竟有暖水湖？动物的千年不死，植物的食人之谜，恐龙的突然灭绝……大自然玄幻莫测，到处充满扑朔迷离的秘密。

　　是求知的欲望赋予了人类智慧的头脑和好奇的心，是这个神秘的大自然留给了人类无数的奥秘和未解的难题。但是，机遇是与挑战并存的。世界上的种种神秘现象让我们本来怀着的好奇心更加振奋，让我们本来智慧的头脑更难停下思考的步伐……

　　《大自然的神秘现象》一书以大自然的神秘现象为主线，通过科学、客观的角度，将关于大自然——水、空气、山脉、河流、植物、动物、地球等等所产生的神秘现象和未解之谜一一呈现在读者面前。当你读完这本书之时，突然惊愕地发现，原来你对大自然并不了解。大自然有太多的神秘无法揣测，有太多的神奇无法解释。难得生活在这样的神秘世界，那就准备好感官，从这里出发去看坐落在海底的金字塔，去寻找遗失在自然汪洋的魔力之湖，去探访幽灵出没的诡异岛屿，去倾听令人惊奇的自然之声……打破常规，去丛林深处冒险，到神秘地区勘探，试着更深入地了解你所生活的大自然。

　　毋庸置疑，对于大自然的未解之谜和神秘现象，我们只能以旁观者的身份来记叙它的存在、它的神秘、它的传奇，而无法以一个专家学者的眼光来解说它的缘由，给出一个科学的、有理有据的结论。

这主要是由于大自然，自古以来，就是神秘的象征，很少有人能真正完全了解它。它就是一个谜，不管是在蛮荒落后的古代，还是在先进发达的现代，我们都无法把它看得清清楚楚、说得明明白白。也许有一天，人类的文明会发展到足以解开这些谜团，但至少现在，它还是一个谜，有待人们进一步地探索和挖掘。

本书精选了自然界的各种神秘现象，100多幅图片为本书注入了新的视觉元素：珍贵的实物图片、水下摄影、电脑制作的仿真图片以及科学家手绘的示意图……起到了文字无法达到的效果，给青少年读者以新鲜的视觉冲击，让玄妙的谜团变得可触摸、可感知，使知识更加明了，让青少年在图文并茂的阅读空间里看到千奇百怪的动物、悬疑诡异的自然、神秘莫测的地球、雄伟壮丽的奇观……这些为青少年读者展现了震撼人心的各种未解之谜与神奇现象，让其在增长科普知识的同时开阔眼界，并在轻松的愉悦的气氛中，培养科学严谨的求知精神。

由于编者水平和视野所限，加之全书涉及内容跨度较大，书中的错误和不足之处在所难免，敬请读者不吝指正。

目 录
Contents

地球探秘

地球成因之谜

　　自然科学的发展，拨开了千年的迷雾，扩大了人类的视野。自19世纪后半叶，人们开始对地震时观测到的各种现象进行分析和研究，得出"地震是地壳运动引起的"结论。而围绕地壳运动的问题却出现了百家争鸣的局面。我国著名地质学家李四光将各家之说归纳成以下6种：

　　第一种说法是，地球是一团热质冷却固结而成的，冷却的次序是先外后里。在这样的冷却过程中，地球体积逐渐缩小，以致首先形成一个壳子，且到处发生褶皱、断裂，因而引起地壳运动。这就像一个瘦子穿上胖子的衣服易发生褶皱那样，地壳是定型，而其内部却在不断收缩，由于外大内小，地壳不可避免地要打褶。

　　然而，这种论点在以下2个方面遇到了困难：①按照这种说法发生的褶皱和断裂，应该是杂乱无章的，但事实并非如此，而是有一定的方向；②地球内含有大量的放射性元素，由于这些元素不断蜕变会产生热量，其不仅可以抵消地球失去的热量，而且有可能大于失去的热量。由此可见，这种由于地球冷却收缩而引起地壳运动的论点有些行不通。

　　第二种说法与地球冷却的观点相反，有人认为地球在其历史发展的长河中，不是不断收缩，而是不断膨胀。重力迫使地球物质趋向集中，而被压缩到一定程度的物质便拼命抵抗这种集中的趋向，是集中与反集中剧烈斗争的结果，引发了地壳运动。按照这种理论，由于地球的不断膨胀，在地球的表面必然要出现无数裂口，且这些裂口应该是普遍的、杂乱的，但事实并非如此。

另外，有些人从万有引力定律出发，把太阳和月亮对地球的吸引力引起的固体潮，说成是引起地壳运动的原因。这种说法也不全面，因为固体潮的影响是很轻微的，不可能在地壳中引起强烈的运动。否则地球在自转一周的过程中，也就是说每天都要发生强烈的地壳运动，这显然与事实不符。

地球的形状

还有人提出地壳内部物质不断发生对流的设想，曾盛行一时。设想者认为，地球内部的物质，有的部分不断缓慢上升，另外一些部分相对缓慢下降，这样形成了对流。当对流上升到地表层下面的时候，分为 2 股平流朝着相反的方向流动。由于两股平流都具有相当大的能量且运动方向相反，就会发生大规模的水平运动，出现强烈的褶皱。这种观点，是从假定出发的，尚待用大量的事实加以验证。

在地壳运动问题上，还有一些人提出地壳均衡代偿的看法。他们认为，地壳上的某些地块发生了重力异常现象，重力场则要求这些地块保持原状，这一矛盾只好通过有关地块的相对升降运动来解决，从而导致地震。这种理论虽能解释地壳的垂直运动，但对地壳运动最主要的方式——水平运动，却显得无能为力。

当地球收缩说走入死胡同时，20 世纪 20 年代初产生的大陆漂移说却红极一时。大陆漂移说认为：地层产生褶皱并不需要收缩。当大陆移动时，前缘如果受到阻力就可发生褶皱。就好像船在水上行驶时，在船头前面产生波浪那样。向西推进的南北美大陆，一方面在其东面形成了大西洋，另一方面在其西岸形成连绵不断的落基山脉和安第斯山脉。另外，随着贡瓦纳大陆的分裂而向北推动的印度大陆和亚洲大陆相撞而形成了喜玛拉雅山。

20世纪30年代，大陆漂移说的赞成派与反对派经过激烈的争论之后，大陆漂移说宣告失败。其失败的原因：①缺少对大陆漂移的原动力的说明；②认为地球不是坚硬的；③根据正统派的高温起源说，地球在很久以前才是软的，如果产生大陆漂移的话，也应是在地球形成的初期。20世纪50年代末，古地磁研究证实，南北磁极的位置始终在移动。照理，这样的移动路线只有1条，奇怪的是，在北美和欧洲大陆上分别测定的北磁极迁移路线却有2条，它们不相重合，但形状相似，处处平行，要使它们合并成一条，除非把北美大陆向东移动3000千米。然而，这样就挤走了大西洋的位置，并使北美大陆和欧洲大陆连在一起，这正与大陆漂移说不谋而合。因此，被正统派打败的大陆漂移说又重新活跃起来。

然而，地球磁场的问题至今尚未有定论，大陆漂移说在解释一些实际问题的时候遇到了困难。到了20世纪60年代，有人注意到各大洋中间海岭两侧的古地磁异常带，且正向、逆向带都呈对称分布，两侧岩石的年龄也大致对称排列，于是明确提出了"海底扩张假说"。这个假说认为：地壳运动最主要的动力是由于地幔物质的对流；地球上最上层约70~100千米厚的地方叫岩石层，其强度很大，岩石层以下几百千米厚的强度较小的一层叫软流层，对流就发生在软流层内。他们设想，海岭是地幔对流上升的地方，也是新大洋地壳诞生的所在。地幔中玄武岩浆不断从海岭顶部的巨大裂缝中溢出，冷却后凝固成新的大洋地壳。以后陆续上升的岩浆又把早先形成的大洋地壳推向两边。使海底不断更新和扩张，所以造成古地磁和年龄数据的对称分布。当扩张的大洋地壳到达大陆边缘，便俯冲到大陆壳下的地幔逐渐熔化而消亡，因此找不到古老的大洋地壳。

这个假说在最初提出时，根据并不充分，但经过观测研究证明它是可信的。到了20世纪70年代，在漂移说和扩张说的基础上，诞生了"板块构造"学说。

板块构造说强调，全球岩石圈并非一块整体，而是由欧亚、非洲、美洲、太平洋、印度洋和南极洲6大板块组成。这些板块驮在上地幔顶部的软流层上，随着地幔的对流而不停漂移。板块内部地壳比较稳定，板块交界处是地壳活动比较频繁的地带；大地构造活动的基本原因是几个巨大的岩石层板块相互作用所引起的。由于地震是大地构造活动的表现之一，所以板块的相互作用也是地震的基本成因。

板块构造说是综合许多学科的最新成果而建立起来的学说，被认为是地球科学的又一次革命，它为地震成因和矿产资源富集的理论提出了一个崭新的研究方向，因此在当今地学界占有统治地位。不过，可以用来解释地壳构造运动的还有地质力学等学派。

地球之水哪里来

在太阳系里，地球是颗得天独厚的天体，它离太阳不近也不远；温度不太高也不太低；有稠密的大气层和丰富的水资源。据计算，地球上的水的总量达到145亿亿吨。它广布于地球的各个角落。江河湖海是它们的故乡；地下、大气、岩石和矿物中有它们的踪影；甚至在所有生物体中，水几乎占有它们组成物质的2/3。

水使地球生机盎然，水使地球生命能繁衍生息，水带来了人类文明世界进步。当人们放眼宇宙时，才发现地球与其他行星比较起来，是那么特殊，地球是唯一拥有液态水的行星。那么地球之水是从哪里来的呢？

很多人这么认为，地球之水与生俱来。

太阳系形成假说——星云说认为，地球和太阳系的各大行星，均起源于一个原

地球之水

始星云——太阳星云。太阳星云的物质由3大类组成：①气物质，包括氦和氢，占总重量的98.2%；②冰物质，包括水冰、氨、甲烷、氧、碳、氮和氢的化合物，含量约为1.4%；③土物质，主要包括铁、硅、镁、硫等重元素与氧的化合物，它们的数量在星云中只占0.4%。

太阳星云起先是非常疏散的。在万有引力的作用下，大的物质吸引小的物质，最后在中间形成了太阳，周围形成行星。在行星演化的漫长过程中，由于受到中心天体——太阳热力和引力的影响，气物质、冰物质和土物质的分配是不均匀的。它因距太阳远近不同而不同。地球离开太阳较近，所以它主要由土物质组成，也有少量的冰物质和气物质参与。其中参与组成的冰物质就成了地球上水的来源。

科学家认为，地球之水除与生俱来的外，还通过自身的演化而不断地释放。例如在火山活动区和火山喷发时，都有大量的气体喷出，其中水蒸汽占75%以上。还有，地下深处的岩浆中，也含有水分，而且深度越大则含水越多。除此以外，和地球同宗同祖的陨石，里面也含有0.5% ~ 5%的细微水分。由此可以证明，在由土物质组成的地球中参与了一定数量的水。

然而，随着人们对火山研究的深入，有人发现，火山活动时释放的水，并不是新生的水，而是渗入地下的雨水。科学家是通过测定这些水的同位素以后才认识到这一点的。因此这种有根有据的说法无疑对"地球之水与生俱来"的假说是一种挑战。

为了寻求地球之水的渊源，有人把眼光投向了宇宙。他们说，地球之水的主要来源是在地球形成之后，从宇宙中添加进来的。

1961年，有一位叫托维利的科学家提出了一个令人耳目一新的假说。他说，地球上的水是太阳风的杰作。

太阳风顾名思义就是由太阳刮起的风。当然这种风不是流动的空气，而是一种微粒流或叫作带电质子流。太阳风的平均速度达每450千米/秒，比地球上的风速高万倍以上呢！当太阳风向近地空间吹来时，绝大部分带电粒子流被地磁层阻挡在外，少量闯进来的高能粒子马上被地磁场捕获，并囚禁在高空的特定区域内。

托维利认为，太阳风为地球作出了有益的贡献，那就是为地球送来了

5

水。这话该怎样理解呢？

托维利经过计算指出，从地球形成到今天，地球已从太阳风中吸收的氢总量达 1.70×10^{23} 克。若把这些氢和地球上的氧结合，就可产生 1.53×10^{24} 克的水。这个数字与现在地球上水体的总量 145 亿亿吨十分接近。更重要的是，地球水中的氢和氘含量之比为 6700∶1，这与太阳表面的氢氘比也十分接近。因此，他认为地球之水是太阳风的杰作。

但是，反对这种意见的人提出了质疑：水虽有可能来自太空，却也在不断地向太空散逸。这是因为大气中的水蒸汽分子会在阳光的紫外线作用下发生分解，变成氢原子和氧原子。

氢原子由于很轻，极容易摆脱地球的束缚，飞向星际空间。据计算，它的逃逸数量与进入地球的数量大致相等。因此，他们认为，如果地球之水光靠太空供给，而自身没有来源的话，地球不可能维持现有的水量。

地球上每天都在接纳天外来客——陨石。这些来自太空的不速之客大部分是石陨石和铁陨石，但也有一些是冰陨石。加入地球"家庭"的冰陨石究竟有多少？它们对地球之水的贡献如何？人们从未注意过，也许认为它们的数量微乎其微，无足轻重。

美国依阿华大学的科学家弗兰克曾提出一个论点。

原来，弗兰克在研究人造卫星发回的图像时，对 1981～1986 年以来的数千张地球大气紫外辐射图产生了兴趣。他发现，在圆盘形的地球图像上总有一些小黑斑。每个小黑斑大约存在 2～3 分钟。这些小黑斑是什么？经过多次分析，否定了其他一些可能之后，他认为这些黑斑是由一些看不见的由冰块组成的小彗星，撞入地球外层大气后破裂、融化成水蒸汽造成的。他还估计，每分钟大约有 20 颗平均直径为 10 米的这种冰球坠入地球。若每颗可融化成水 100 吨，则每年即可使地球增加 10 亿吨水。地球形成至今已有 46 亿年历史，这么算来，地球总共可以从这种冰球上获得 460 亿亿吨水，是现在地球水体总量的 3 倍以上。即使扣除了地球历年散失掉的水分，和在各种地质作用中为矿物和岩石所吸收，以及参与生物体组成的水之外，仍然绰绰有余。

地球之水来自天外冰球的说法，虽然有一定道理，但也受到了挑战。

一些研究者在对"旅行者二号"航天器拍摄的大量照片研究之后，否定了大量冰球飞入地球的看法。因此，地球之水从哪里来还没有定论。

地球生命来自何方

地球上的生命什么时候诞生的？又是从哪里来的？目前恐怕没有那个学者可以回答。来自欧美的一些天文科学家提出这样一个问题：生命是否起源于火星或其他天体而非地球，地球上的生命是否是由陨石带来的？

芬兰研究人员毛利威尔托嫩在给美国天文学会的一份报告中信誓旦旦地指出，近来的天文观察和实验结果，使得有关的科学家们越来越相信，地球人的祖先很可能来自火星。

目前，人类普遍认为，生命起源于一个类似现代的细菌那样的"先祖"。这个细胞后来进化为植物、动物和人类等各种生命形式。然而，自欧美的天文学家提出，比地球小，并且离太阳更远的火星，

地球生命起源的传说

早在地球冷却前，就已经适合生命的存在。甚至有人认为，火星先于地球出现生命，我们人类的祖先很可能是某种形式的"火星人"。

科学家们相信，如果生命形式真的起源于火星，那么，这种生命形式是很容易到达地球的。因为，火星陨石是由彗星或小行星撞击火星表面造成的。这种撞击足以将火星表面的携带微生物的岩石，抛到火星引力鞭长莫及的地方。估计，虽然只有不到1%的这类岩石来到了地球，但它们已经足以将生命的种子传到地球上来。学者们也指出，还存在另一种可能性，这就是生命起源于地球，然后传播到了火星。但他们又认为，出现这种情

况的机会不大，因为地球陨石是很难击中离太阳系中心较远的一颗较小的星球的。

据说地球高层大气中的微小水滴具备形成复杂有机大分子的条件，生命也可能诞生于这些水滴之中。科学家也提出过上述假说。他们发现，大气中悬浮的微小水滴中近一半杂质是有机物。这些有机物是随水一起从海洋中蒸发起来的，它们在水滴周围形成一层有机物薄膜。这些仅几微米大小的水滴在同温层中可停留 1 年之久，在此期间它们会彼此融合，并与其他悬浮微粒相结合。

随着水的蒸发，水滴中有机物浓度越来越高。在强烈阳光的照耀下，这些有机物可能发生化学反应，使简单的有机分子结合成复杂分子。原始的 DNA（脱氧核糖核酸）和蛋白质也许就是这样形成的。这或许可以成为细胞膜起源的新解释。

南极冰盖的神秘消融

南极冰盖总面积为 1398 万平方千米，平均厚度为 2000～2500 米，已知最大厚度为 4267 米，总储水量为 2160 万立方千米。若整个南极冰盖融化，将使全球海平面上升约 61 米。近年来科学家们发现，南极的冰块在慢慢地消融，南极半岛的面积比过去缩小了。一些科学家还发现，最近几年，由于南极西部和西南部冰层的融化，使热带和温带许多地区的海平面每年大约上升 6 毫米，目前海平面上升速度约为 40 年前的 10 倍。有些科学家认为南极冰盖消融的原因是"温室效应"。持这种观点的人认为，由于人类燃烧大量石油、煤和天然气，

南极冰盖

二氧化碳持续增加，地球大气层聚积越来越多的热量，因而相应地导致海洋水温的升高，海水中的二氧化碳不断地释放出来，形成恶性循环，这是南极冰盖逐渐消融的根本原因。有些科学家不同意"温室效应"是引起南极冰盖消融的原因，他们认为，从1940年以来，正当南极冰层逐渐消融的同时，北半球出现越来越冷的现象，而且在继续变冷，温室效应无法解释这种现象。同时，二氧化碳到底是怎样引起南极冰层消融的，尚无可靠的答案。有人还认为，地球升温，热空气能蒸发更多水分，使海洋上空的大气环流含水量增大，当这种气流到达南极，可能增加南极地区的降雪，促进南极冰盖的积累，就是说温室效应不仅不会使南极冰盖消融，而是相反，能使它增长。那么，南极冰盖消融究竟是何缘故？仍然是一个谜。

9

南极神秘的巨型冰雕

南极洲是一片冰天雪地无人居住的地方，令科学家迷惑不解的是，在南极洲对面海岸接近印度洋之处发现了不少雕刻成各种动物如海豚、鱼、狮子的巨型冰山，在海上四处漂浮！

它们究竟是谁做出来的？又是为什么呢？这一连串疑问，令科学家非常迷惑不解。瑞典海洋学家柏德逊，在1993年研究船经过当地时，也曾亲眼目睹一些奇怪冰山在海面漂过。他说："一些足有千万吨重的巨大冰雕。我们虽然并不知道是谁做出来的，不过我们却肯定，那绝非人手能雕凿出来。那些

南极巨型冰雕

冰雕从 60 至 150 英尺高都有，从 1993 年 8 月我们拍摄到的一辑照片显示，它们造型和比例惟妙惟肖，就连眼睫毛、小狮子的爪也清楚可见，可以说雕刻得极仔细。"

数家国际航运公司的发言人，也证实在 1990 年夏天开始，收到不少船只的报告，说见到这些巨型冰雕在南极一带海面出现。为了调查此事，柏德逊博士曾经访问过 356 名船员，他们都声称见过这些神秘冰雕。

最为奇怪的是，在这些巨型冰雕的上空，还同时出现彩虹似的光芒，不管是白天或夜晚，都清楚可见。"那些冰雕的彩光究竟从何而来，或只是某种自然的现象，我们仍在查探中。"柏德逊博士在瑞典首都斯德哥尔摩的记者会上说。

这些神秘的巨型冰雕到底是由何而来，一直成为科学家很想解开而又解不开的谜。

神秘的死丘

世界上难解的三大自然之谜之一的"死丘事件"，发生在 3600 多年前。当时，位于印度河中央岛屿的一座城市的居民几乎在同一时刻全部死亡，古城随之突然毁灭。直到 1922 年，印度考古学家巴纳尔仁才发现了这座古城的废墟，因城中遍布骸骸，所以称之为"死丘"。

远在 3600 多年以前，怎么会有文化相当发达的古城？为什么又会突然灭绝？一系列的问题使科学家一直困惑多年，至今仍未找到一个圆满的解释。

摩亨佐达罗是印度河流域最大的文明古城，位于今巴基斯坦信德省拉尔卡纳县

死 丘

境内，在当地方言中，摩亨佐达罗的意思是"死亡之丘"。该城遗址于1922年被印度考古学家拉·杰·班纳吉等人首次发现，根据碳–14测定，其存在年代为公元前2500年～前1500年间，虽然其历史比古埃及和美索不达米亚略晚，但影响范围更大。在距摩亨佐达罗城几百英里以外的北方，人们也发现了布局相同的城市和规格一致的造房用砖。

从遗址发掘来看，摩亨佐达罗非常繁荣，占地8平方千米，分为西面的上城和东面的下城。上城居住着宗教祭司和城市首领，四周有城墙和壕沟，城墙上有许多瞭望楼，上城内建有高塔，以及带走廊的庭院、有柱子的厅以及举世闻名的摩亨佐达罗大浴池。浴池面积达1063平方米，由烧砖砌成，地表和墙面均以石膏填缝，再盖上沥青，因而滴水不漏。浴场周围并列着单独的洗澡间，入口狭小，排水沟设计非常巧妙。和上城相比，下城设置比较简陋，房檐低矮，布局也不规整，可能是市民、手工业者、商人以及其他劳动者的居住之地。

此城具有相当明确的建设规划，总的来说，布局科学、合理，而且已经具备现代城市的某些特征。整座城市呈长方形，上下两城的街区，均由纵横街道隔成棋盘格状，其中，也有东西和南北走向的宽阔大道。居民住宅多为两层楼房，临街一面不开窗户，以避免灰尘和噪音。几乎每户都有浴室、厕所以及与之相连的地下排水系统。此外，住宅大多于中心地方设置庭院，四周设居室。给人的印象是，该城清洁美丽，居民生活安详舒适。这座城市已经达到了相当高的文明水平，考古学家从遗址中发掘出大量精美的陶器、青铜像以及各种印章、铜板等，还发现了2000多件有文字的遗物。

在古城发掘中，人们发现了许多人体骨架，从其摆放姿势来看，有人正沿街散步，有人正在家休息。灾难是突然降临的，几乎在同一时刻，全城4万～5万人全部死于来历不明的横祸，一座繁华发达的城市顷刻之间变成废虚。

对于"死丘"毁灭的原因，科学家们从不同的角度做了种种推测。

有些学者从地质学和生态学的角度进行了解释，认为"死丘事件"可能是由于远古印度河床的改道、河水的泛滥、地震以及由此而引起的水灾，

11

特大的洪水把位于河中央岛上的古城摧毁了，城内居民同时被洪水淹死了，然而，有些学者不赞同上述说法，认为如果真的是因为特大洪水的袭击，城内居民的尸体就会随着洪水漂流远去，城内不会保存如此大量的遗骸，考古学家在古城废墟里也没有发现遭受特大洪水袭击的任何证据。

有些学者猜测，可能是由于远古发生过一次急性传染疾病而造成全城居民的死亡。然而这一说法也有漏洞，因为无论怎样严重的传染病，也不可能使全城的人几乎在同一天同一时刻全部死亡。从废墟骸骼的分布情况看，当时有些人似乎正在街上散步或在房里干活，并非患有疾病，古生物学家和医学家经过仔细研究，也否定了因疾病传播而导致死亡的说法。

于是，又有人提出了外族人大规模进攻，大批屠杀城内居民的说法。可是入侵者又是谁呢？有人曾提出可能是吠陀时代的雅利安人，然而事实上雅利安人入侵的年代比这座古城毁灭的年代晚得多，相隔几个世纪。因此，入侵说也因缺少证据而不能作为定论。

在对"死丘事件"的研究中，科学家又发现了一种奇特现象，即在城中发现了明显的爆炸留下的痕迹，爆炸中心的建筑物全部夷为平地，且破坏程度由近及远逐渐减弱，只有最边远的建筑物得以幸存。科学工作者还在废墟的中央发现了一些散落的碎块，它是戮土和其他矿物烧结而成的。罗马大学和意大利国家研究委员会的实验证明：废墟当时的熔炼温度高达1400～1500℃，这样的温度只有在冶炼场的熔炉里或持续多日的森林大火中才能达到。然而岛上从未有过森林，因而只能推断大火源于一次大爆炸。

其实，印度历史上曾经流传过远古时发生过二次奇特大爆炸的传说，许多"耀眼的光芒"、"无炳的大火"、"紫色的极光"、"银色的云"、"奇异的夕阳"、"黑夜中的白昼"等等描述都可佐证核爆炸是致使古城毁灭的真凶。

可是历史常识又告诉我们：直到第二次世界大战的末期，人类才发明和使用了原子弹，远在距今3600多年前，是绝不可能有原子弹的。

也有人认为，在宇宙射线和电场的作用下，大气层中会形成一种化学性能非常活泼的微粒，这些微粒在磁场的作用下聚集在一起之力变得越来越大，从而形成许多大小不等的球形"物理化学构成物"，形成这种构成物的同时还能产生大量的有毒物质。这些物质积累多了便会发生猛烈的爆炸，随着爆炸开始，其他黑色闪电迅速引爆，从而形成类似核爆炸中的链式反应甲爆炸时的温度可高达1.5万℃，足以把石头熔化。这个数字恰好与摩亨佐达罗遗址中的发掘物一致。据推测，摩亨佐达罗可能是先被有毒空气袭击，继而又被猛烈的爆炸彻底摧毁。而在古城的大爆炸中，至少有3000团半径达30厘米的黑色闪电和1000多个球状闪电参与，因而爆炸威力无比。

神秘的"鬼城"

大千世界，无奇不有。在非洲西部有一座被人们称为"鬼城"的地方，以其特有的"鬼气"吸引了大批考古学家。"鬼城"的发现是偶然的。1975年，刚刚毕业于考古学专业的罗德力克·麦金托斯，在非洲西部的马里共和国的金纳城听说在离金纳城3000米左右的地方，有一座荒无人烟的"鬼城"。当地人说这座"鬼城"是古代金纳人的居住地，后来不知是什么原因，城里的人都神秘地失踪了。信奉鬼怪的金纳人认为，是魔鬼带走了他们，所以附近的居民从来不议论这座城池，更不敢轻易地踏进这块土地。

1977年1月30日，在马里共和国政府的支持下，罗德力克·麦金托斯和一些考古学家进驻"鬼城"，开始了对"鬼城"的考察。

从已发现的房屋、地基、围墙的遗址中可以看出当年有数千人曾在这里居住。但从挖掘出的各种器具上看不出这里住的是什么人，在这里住了多少年。随着挖掘工

鬼 城

作的一天天深入，呈现在人们面前的事物越来越多：谷壳、动物的骨头、

不完整的陶器、陶俑等等。所有证据都表明这座古城在那个时代，具有相当大的规模，相当高的文明程度。放弃这样一座古城确实有些遗憾。考古学家通过对这些文物的测定，确认这座古城建造于公元400年，公元1300年左右被城里的人放弃。

学术界始终认为，公元9世纪，北非阿拉伯人进入撒哈拉沙漠并开始进行贸易后，都市化的概念才传到西非。按这一时间推算，所有西非地区的古城最早不能超过13世纪。然而，这座古城的出土不仅震惊了学术界，更把西非文明诞生的时间大大地向前推进了。至于这座古城到底是何人兴建？城内的人都从事什么行业？他们靠什么使这里初具规模？这些都是令考古学家迷惑不解的问题。为了尽快找到答案，1981年，罗德力克·麦金托斯再一次带领考古学家对古城进行了第二次挖掘。由于这次的挖掘工作比较细致，洞穴挖得比较深，所以开工不久就大有收获。首先发现了一个与现代金纳人家庭结构比较相似的古金纳人家庭的旧址，随后又发现了一些铁制品和石制的手镯，以及金制的耳环、鱼钩、铁叉、铁刀和陶器。这时，考古学家对古城又作出新的判断，他们认为古城连同周围的小城人口最多时差不多达到2万，他们中有从事铁器、陶器、金器制造业的，有从事贸易的。但是，令考古学家困惑的是：由什么人来组织贸易？这个问题至关重要，如果知道是什么人，那么就能推断出是谁先到的北非，教古金纳人盖城堡，然后又神秘地令古金纳人消失的。考古界先后否定了罗马人、埃及人和拜占庭人，这就等于否定了地球上的人类。于是有人提出，也许真有天外来客在这里居住，附近的人叫这里"鬼城"，可能与这些人出现的方式有关。人们猜测这些天外来客教古金纳人建筑城堡，进行贸易，然后悄悄地离去。之后，由于没有他们的指导，古金纳人很快衰落并逐渐解体。这只是个大胆的猜测，事实究竟怎样，还有待于考古学家进一步研究探索。

平淡无名的谜岛

这是一个人烟稀少、比较荒芜的小岛，就在这个平淡无名的小岛上曾发生过一件极不合理、违反自然的奇异怪事。这怪事是那么让人难于理解、难于相信，但这又是一个确确实实的真实故事。世界上的许多地方，由于它保存着古代文明的遗迹而闻名，成为人们谈论的中心、考古研究的对象、人们向往的旅游胜地。这些地方无论大小都很有名气。如秘鲁的复活节岛等等。而今人们又发现了一个普通的小岛，在那深藏着许多考古之谜被列入世界四大谜岛之榜，这个岛就是日本北方四岛之一的择捉岛。

在 1936 年，一位名叫安让·里甫的法国旅行家，他在航海旅行时，不慎被狂风掀翻了船只，落入了波涛汹涌的太平洋，灾难中的里甫紧紧的抓住一只救生圈在浩瀚的海洋中漂荡挣扎，就在他精疲力尽，丧失了生的希望时，波涛将他送到了一个

谜 岛

人迹罕至的小岛。这时他除了一个随身携带的旅行包外，已一无所有。饥饿和死亡在威胁着他，面对这荒凉的岛屿他感到孤独绝望，但他仍怀着求生的渴望，拖着疲惫的身子漫无目标地向前走去。忽然，在一个小水洼中他惊喜地发现了几条僵硬的小鱼，这意外的发现使他看到了生命的曙光，他赶紧支上旅行锅，迅速捞起水中僵硬的小鱼放入锅内，点上火准备吃上一顿美美的鱼汤。一会儿，锅里虽还没有冒气，但饥饿的里甫已急不可待，他猛地揭开锅盖，往里一看不禁大吃一惊，原来就已僵硬的死鱼竟然在这热气腾腾的锅里活动着。这时锅内的水温已达五六十度，是幻觉还是事实？里甫大惑不解，他试探地扔入锅内几个荞麦粒，结果被这几条游鱼抢吃个精光，他相信了眼前的事实，却又感到很是茫然。

死鱼能够炖活这真是奇事一桩，产生奇事的这个小岛也一定会存在着什么奇怪的原因吧？原来在这个小岛有一个直径达 3 千米的火山口，这个火山口的形状如同一口巨大的锅。在这锅口上有一圈千奇百怪的巨石，它们中有的直立在那里如同鱼儿跃起，有的横卧在地酷似狰狞的猛狮；这些大

小不一的怪石有的像飞禽飘飘欲仙，有的如走兽怒目瞪眼。而那些能够在热锅里复活的死鱼，则属于这古火山活动时所形成的一个热湖中的生命，当火山爆发时，它们没有被消灭，而侥幸地被保存了下来，但它们却因离开了原来赖以生存的热水而僵硬死去。当里甫将它放入锅里水温达到适应它原来生存的热水温度时，就恢复了生命，在热水中游了起来。

在古火山口的南部，则布满了一块块黑色、灰色、褐色和浅绿色的巨石。奇怪的是在这些光滑的巨石上不知是什么人凿满了奇异的线条和花纹，考古学家们猜测这可能是一种现代语言学还不认识的文字。在这些线条和花纹中还夹杂着许多符号和各种飞鸟的图案，其中有现代人熟知的加号、减号、等号及罗马字四和五的字样，有拉丁字母的"Y"和"S"形以及四方形、矩形图形和一些异常端正的圆点。这些可识别或不可识别的符号一个紧接着一个，仿佛是古代人有意留给后人的一篇莫名其妙的文章。

择捉岛上的怪事，确实让人难以理解。僵死的小鱼到底来自哪里？如果它真是由于火山爆发所造成的，那么它又是如何度过这久远年代而不腐烂的呢？火山口上为什么会是怪石累累而不是平坦的火山灰呢？特别是择捉岛上这些奇异的文字，引起了各国学者的极大重视，他们纷纷来到这个岛，对全岛进行了实地考察，他们对这些文字从各个不同的角度进行仔细的分析，反复的推敲，提出了种种猜测，但终无定论。他们又对岛上居民进行了调查，发现居住在岛上的居民都是近代移居那里的，他们对那里的神秘历史一无所知。从考古中又发现：古代在这里居住过的民族也没有文字。那么，这奇妙的文字究竟来自何方。有些人推测这是天外来客留下的遗迹，还有人说这是在远古某一文明民族的来访者留下的。然而，专家学者们虽努力工作，但迄今为止仍未能取得多大进展。

神奇的尤加坦洞穴

在墨西哥湾和加勒比海之间有座半岛，名叫尤加坦。传说很久以前，神秘的玛亚人在尤加半岛上居住过。他们建筑过一座城堡，取名叫"切切

尤加坦洞穴

恩依扎"。在离城堡 1.5 千米的地方，有 2 孔泉。一孔泉被玛亚人留作饮水和灌溉田园用，另一孔被称为"圣泉"，据说是雨神的住所。玛亚人为着祭祀雨神，求它保佑粮足年丰，安居乐业，又特意在雨神所住的那孔"圣泉"边，建起了一座神殿。这座神殿像金字塔形，外表华丽壮观，内中供奉着一尊相貌如同蛇形的雨神像。

这个美丽的传说，一直吸引着人们的好奇心。美国探险家汤姆逊始终盼望着到岛上去实地考察，用自己的亲身经历来解开这个未解之谜。不久，他被委派到尤加半岛上任总领事。他走马上任不久，就开始了探险活动。按着传说中描述的情况，他几乎走遍了岛上的所有地方。一天，他果然在密密的丛林中，找到了"圣泉"和旁边的那座金字塔形的神殿。经过多方准备，他对"圣泉"进行了清理，从冰冷刺骨的泉水中捞出一件又一件珍宝，有金盘子、金酒杯、金碟、金戒指、金铃共达 300 多件。传说中的一切好像都得到了印证。可是，就在他庆幸自己找到了谜底的时候，却又一次陷进了迷雾之中。

当汤姆逊清理一座小庙时，突然发现庙中央地面上有一块精心装置的石板。他撬开石板后，不由大吃一惊。原来石板下面竟是个石头砌成的洞穴，穴底竟然盘着一条 4 米长的大蛇。他急忙掏出枪将蛇击毙，下洞一看，发现洞底还有两具被蛇吃剩的人骨。

将洞底清除干净后，他看到铺在洞穴底部的石板也可以移动。当他掀起第五块石板时，下面出现了一条人工开凿的阶梯。他顺着阶梯来到石屋里，将一层厚厚的草木灰除去，一块大石板又出现在他的面前。他觉得奇迹就要出现了。掀开大石板，又是一个十四五米深的大洞，里面堆满了玉石花瓶、珍珠项链和一些稀世珍品，比他最初在"圣泉"所找到的财宝多好几十倍。

汤姆逊的发现使全世界为之震惊，引起了大批科学家的高度重视。有人认为，这一发现证实了关于玛亚人的传说。但有的人则持反对态度。因为这件事的来龙去脉究竟如何，至今仍是个巨大的问号。

沙漠中的"芦笋森林"

撒哈拉沙漠的白天是看不到地平线的，只见一片白茫茫，难分远近。由因萨拉赫的绿洲开车向南驶至沙漠中央，会慢慢感到远处有一片晦暗的东西在逐渐变浓，并且向两旁伸展。渐渐地这片东西清晰起来，转变成高耸入云的无边悬崖，这就是阿尔及利亚最外围的一道屏障——阿哈加尔山脉。在非洲众多令人咋舌的奇事中，阿哈加尔堪称奇中之奇，它像一个硕大无比的岛屿——大约跟法国一样大小——耸立在撒哈拉这片沙漠汪洋之中。

这里三面悬崖环抱，剩下西边的豁口通往有"渴乡"之称的坦奈兹鲁夫特，过去，要是有人被篷车丢在这个地方，必死无疑。

芦笋森林

阿哈加尔虽然称作山脉，其实是一花岗岩高原。在其中心名为阿特加的地方，火山岩浆在花岗岩土堆积到180米高，形成玄武岩，碎裂成一大堆熔渣模样。

此外在高达3000米的地方，是一排由另一种火山岩——响岩所构成的岩塔、岩柱和岩针，蔚为壮观。岩浆冷却后，碎成长棱柱形，一般像风琴管，有些则像一束束竖着的巨大芦笋。在方圆 770 千米的阿特加范围内共有 300 根石柱，使这一奇景更令人惊奇。2000 多年来与阿哈加尔结下不解之缘的游牧民族图阿雷格人，称此地为阿塞克拉姆，意为世界的尽头。

山里全无植物，即使整个阿哈加尔山脉亦极少。降雨零星短暂，只有在峭壁围绕的峡谷，雨水蒸发不多，才会聚成水池，附近长出些绿色植物，为深谷带来一丝清凉。这类水池虽然很少，对图阿雷格人的牲畜却极其重要。

阿哈加尔的图阿雷格人，身材高大、皮肤较白，引人注目。男人从青春期开始便戴上面纱，据说是防止魔鬼从嘴巴进入人体。他们身佩长剑、匕首和用白羚羊皮做的盾。某些学者认为他们就是公元前 1000 年前自利比亚大举南下，被描绘在高原岩画上的神秘战士后裔。他们的族名图阿雷格，是阿拉伯词，意为"遭真主遗弃"，因为他们坂依伊斯兰教晚了，并不太遵守严格的教规。族中女人出门都不戴面纱，有权处理家务。

消失的亚特兰蒂斯

世上的蹊跷事实在太多，人、船、物等突然失踪已不乏其例。可一个庞大的文明古国会在历史的某一个时候悄然而逝，不能不令人感到怪异。

古希腊著名哲学家柏拉图在公元前 36 年写的两篇著名的对话集（《克里斯蒂阿》、《泰密阿斯》）中谈到，在比他早 9000 年的时候，"赫拉克勒斯之柱"以西的"西海"中，也就是今天的直布罗陀海

亚特兰蒂斯遗迹

峡以西的大洋中，曾有一个美丽富饶的文明岛国，这就是亚特蒂斯文明。这个岛上地辽阔，物产丰富，风景优美，人民安居乐业。后来，亚特兰蒂斯的社会逐渐腐化，连年对外战争，社会道德堕落，于是海神发怒了，决定严惩该国：一昼夜之间，使它全部沉入了海底。

这就是柏拉图在对话集里所描述的情况，为证明这个故事的真实性，有人曾亲自到埃及去请教一些有名的僧侣，结果一无所获。

迄今为止，描述古国沉没的书籍数以千计，但皆无确凿证据。美国学者康那利在其著名《亚特兰蒂斯：洪水前的世界》中认为，史前时期在大西洋确曾存在个文化发达的文明古国，沉没的原因是同时发生的地震、火山爆发和洪水泛滥。然而，现代地球物理学家却认为，地震等一些自然灾害，根本不可能把一个大洲完全毁灭得无影无踪。

自1968年以来，在大西洋加勒比海百慕大三角区海域，接连发现了一系列震惊世界的史前文化海底遗址，但还不能确认哪个就是亚特兰蒂斯的遗址。我们相信，随着科学技术的发展，亚特兰蒂斯沉没的未解之谜终究会解开的。

奇异的非洲石林

非洲石林

公元1700年，一支由各国学者组成的岩画考古队，来到了非洲肯尼亚。他们收到了一份令人惊异的报告：说他们发现了由19根高大的石柱组成的石林。考古队按提供的路线赶到现场，果然发现有石柱十几根，高的耸入云霄，好似顶天玉柱。但也有稍短的，在石林的东边和北边是一望无际的图尔卡纳湖；石林的西面与南面是辽阔的大草原。柱石看上去是坚硬的长石琢成的，石柱粗细不均，长短各异，但究竟是什么人，又为什么把这些大石柱竖立在那荒无人烟的原野上，而当地又是不产岩石的地方，种种未解之谜真让人猜不透。

美国密执安人类学家罗宾斯认为，在这块平荡的原野上排列着这些高矮不等的石柱绝非偶然，他发现石柱的顶部连线均指向公元前300年的一些恒星所处的位置，认定这些石柱是古非洲人用来计算历法的工具。

当地人们对石柱沿袭下来的一种称呼——"纳莫拉通加"，即"石人"之意，2000年前初到这里的移民就发现这些石柱，并传说石柱是有生命的。这些称呼与传说是什么意思，也是个不解之谜。

美国宇航局一位叫伊布尔的，他根据石林推算出了一种与中国、印度、玛雅古代历法的计算相似的阴历，这种古老的阴历计时法，至今还保存在埃塞俄比亚南部的博拉纳人之中。

现代科学家们利用电子计算机对石柱的排列进行过分析、计算，无不为石柱对观测星体计时的精确性感到惊讶。惊讶之余，又提出了疑问：石柱的功能仅仅是用于历法吗？

经过对石柱的化验，里面没有铁的成分，但是每根石柱却能使靠近石柱的罗盘针偏向一方，石柱的磁性来自何处呢？这些未解之谜还尚待人们进一步去认识。

神秘的海底古城和森林

属于秘鲁和玻利维亚的的的喀喀湖，是一个面积为8300平方千米、最深处为256米、海拔3812米的世界上海拔最高的大淡水湖。它的千姿百态的湖光山色，使各国旅游者纷纷慕名而来。近年来，在这个湖的水下，意外地发现了一座失踪了的古城遗址，这无疑为这个位于南美大陆上的宝沏，又增添了几多神秘色彩。

这个神秘的海底古城遗址，是由玻利维亚和美国电影工作者组成的电影摄制小组，在海下拍摄当地风俗片时意外发现的。摄制小组的成员在有关一座城市沉没湖底的传说及有关资料的诱使下，对这个发现进行了大胆的探索。电影摄制组的导演、玻利维亚著名作家胡戈·勃埃罗·罗霍说，有充分证据证明，在的的喀喀湖水下的建筑物，是在哥伦布发现新大陆之前就早已有了的，它证明有早于西班牙殖民时期、非常古老的文明存在。

摄制小组的成员在海下15～20米的地方发现，在这个遗址周围有几个小岛，岛上有半埋着的遗址。在这些遗址中，他们惊奇地找到了用巨石砌成的墙，而这些巨石上面有很明显的经人开凿的痕迹。在湖

海底森林

中心，他们又找到了一块露出水面的石头尖角，经确定这是一个不折不扣的庙宇的塔尖，在庙宇的基部有一个消失在深水中的雕饰漂亮的石台阶。根据这些发现，勃埃罗·罗霍解释说，可能这是古代村落的建筑物遗址，后来不知遭受了怎样的自然灾害，使整座村庄沉没湖底，遗迹至今尚在。

但是，这一古城遗迹究竟属历史上哪朝哪代？为什么沉没消失？至今还是个不解之谜，期待考古学家的科学鉴定。海底古城为今天留下了待揭之谜，同样，海底森林之谜也会为人们带来无穷的兴趣。

传说海底世界同陆地一样无所不有，那么郁郁葱葱的森林也非陆地独有？近年来，许多科学家发现在浩渺的海底同样生长着树林。

一位台湾籍的潜水员，在澎湖岛山水港东30海里处的水域区内，发现一处宽50米、长300多米的灌木林带。

据这位潜水员述说：这种生长在海底的灌木树，树身不高，大约有3米左右；但树的长势却非常繁茂。它与陆地上的树木一个明显的区别是，树叶的颜色不是绿色的，而是呈粉红、淡黄色，并且在海水中能够发出橘红

色的光芒，看上去十分耀眼、美丽。在灌木林中生活着各种各样的鱼，它们嬉戏游来游去，看上去十分惬意。

对于这种生长在如此深层的海洋世界中的树木，植物学家和海洋学家进行过许许多多的研究。但是，它究竟属于什么科类树？为什么能生长在海底？还要待科学家的进一步研究和探索。

好望角多风暴之谜

在非洲好望角一带的船只因风浪屡出意外引起了世界的震惊。在连接红海和地中海的苏伊士运河开凿以前，这里是大西洋和印度洋之间航运的必经之路。即使在今天，37万吨以上的巨轮也还是绕道好望角！西欧和美国所需要的石油，一半以上需用超级油轮经好望角运送。因此，说好望角是石油运输线上的"咽喉"一点也不过分。现在，要是"咽喉"出了毛病，那还了得！

一批又一批的科学家来到好望角附近，调查研究这里风急浪高的原因。经过一段时间的工作，科学家将造成好望角附近海域风浪大的原因归纳成以下两种说法。

有些人认为，好望角附近海域风浪大是由西风造成的。好望角位于非洲大陆的西南端，它像一个箭头突入大西洋和印度洋的汇合处。因为好望角恰恰位于西风带上，所以当地经常刮11级以上的大风，大风激起了巨浪，经过的船只就处在危险之中了。

"西风带说"的理论固然有一定的道理，但它存在一个致命缺点。因为这种学说不能解释在不刮西风的时候，为什么海浪竟是如此之大。一年365天，并非天天刮西风，刮西风时海浪可能被风激得老高老高，但不刮西风时呢？海浪还是那么大，那又该如何解释呢？

针对这一点，美国一位科学家提出了另一种学说——"海流说"。这位科学家分析了多起在好望角附近海域发生的海难事件。他发现，每次发生事故时，海浪总是从西南扑向东北方，而遇难船只的行驶方向是从东北向西南。也就是说，船行的方向正好和海浪袭来的方向相反，船是顶浪行驶的。科学家还实地调查了当地的海流情况。他发现，好望角附近水下的海流与船只行驶的方向是相同的，换句话说，海底的海流推动船只顶着海浪前进，几股力量的共同作用就造成了船毁人亡的结果。

然而，"海流说"和"西风带说"一样，也存在着不足。比如，海水是流动的，很难断定，在一年的 365 天中，海流的方向也保持恒定。然而，不管是什么日子，船一到好望角附近的海面，马上就陷入危险的境地，这又是为什么呢？科学家们很难自圆其说。

好望角

直到现在，好望角附近的海面仍在无情地吞没不幸的船只。要是哪一天人类能彻底掌握风浪活动的规律，好望角附近的天堑就一定能变成通途。

死亡地带

在一些人迹罕至的地方，隐伏着不少令人不寒而栗的死亡地带。

印尼爪哇岛上就有个死亡地带。它位于一个山谷中，共由 6 个庞大的山洞组成。据说不论是人还是动物，只要站在距洞口 6~7 米远的范围内，就会被一股无形的力量吸进去。一旦被吸住，就是使出浑身解数也无法脱身，洞口附近已堆满了动物和人的尸骨残骸。死亡洞为何有生擒人兽的绝招？被它吸住的人和动物是慢慢饿死，还是中毒而死？现在还找不到答案。

澳大利亚昆士兰州北部库克敦以南数千米的公路旁，有一座神秘的山，山峰呈黑色，几乎没有土坡，这里很少有植物生存，因此被人称为黑山。

这座山不仅颜色有不祥之兆，而且山上的地道、洞穴中常有野兽出没。大批的蝙蝠、5 米多长的巨蛇、大蟒到处都是，当地土著居民都对这座山怀有无比的恐惧，无人敢轻易涉足和攀登。1977 年，曾有一个名叫格雷

死亡地带

诺的男子骑马寻找迷失的牛来到山下，他不听人们劝告，强行闯入山中，结果去不返。后来又有个警察追赶逃犯，两人双双进入山中，也都失去踪迹。

美国加州和内华达州毗邻地带，有一个死亡谷。它长 225 千米，宽 6.26 千米。两侧悬崖峭壁，险象环生。

1849 年，一支由 48 人组成的寻找金矿的勘探队来到这里，结果无一人生还。后来又有不少人前去探险，结果均遭不测。令人难以理解的是，这个被死神统治的地方，竟是飞禽走兽的乐园：据初步统计，这里繁衍着 230 多种鸟类、100 多种蛇类、17 种蜥蜴、1500 多头野驴，还有各种各样多如牛毛的昆虫。究竟是什么威胁人类的生命，却不伤害这些飞禽走兽，人们至今迷惑不解。

有趣的是，意大利那不勒斯与瓦维尔诺湖附近也有 2 个死亡谷，它们与美国的死亡谷恰好相反：它们不会危害人类，却经常威胁飞禽走兽的生命。据人们统计，在这两个谷地中，每年死于非命的各种动物达 3600 多只。至今，人们仍无法解释它们的死因。然而，更令人称奇的要数距"上帝的圣潭"仅 40 千米的巴罗莫岛，这个锥形半岛被人们称为"死亡之角"。

这里人迹罕至，直到 20 世纪初，因纽特人亚科逊父子前往帕尔斯奇湖西北邵捕捉北极熊时，这座小岛才被人发现。当时那里已经天寒地冻，小

25

亚科逊首先看见了巴罗莫岛，又看见一头北极熊笨拙地从冰上爬到岛上。小亚科逊高兴极了，抢先向小岛跑去，父亲见儿子跑了，紧紧跟在后面也向岛上跑。哪知小亚科逊刚一上岛便大声叫喊，叫父亲不要上岛。亚科逊感到很纳闷，虽然不知道发生了什么事情，但他从儿子的语气中听到了恐惧和危险。他以为岛上有凶猛的野兽或者有土著居民，所以不敢贸然上岛。他等了许久，仍不见儿子出来，便跑回去搬救兵。一会儿就找来了10个身强力壮的青年人，只有一个叫巴罗莫的没上岛，其余人全部上岛去寻找小亚科逊了，可是上岛的人全都没了踪影，从此消失了。

巴罗莫独自一人回去了，他遭到了包括死者家属在内的所有人的指责和唾骂。从此人们将这个死亡之角称为"巴罗莫岛"，再也没有谁敢去那个岛了。

几十年过去了，在1934年7月的一天，几个手拿枪支的法裔加拿大人，又一次登上巴罗莫岛，准备探寻个究竟。他们在因纽特人的注目下上了岛。随之听到几声惨叫，这几个法裔加拿大人也像变戏法一样被蒸发掉了。

这场悲剧引起了帕尔斯奇湖地这土著移民的极度恐慌，有人干脆迁往他乡去了。没有搬走的居民发现，只要不进入巴罗莫角，就不会有危险。

1972年，美国职业拳击家特雷霍特、探险家诺克斯维尔以及默里迪恩拉夫妇共4人到巴罗莫岛探险。诺克斯维尔坚信，没有他不敢去的地方，没有解不开的谜。于是他们在此驻扎了10天，目的是观察岛上的动静。岛上树木丛生，郁郁葱葱，丝毫看不出它的凶险之处，因此，诺克斯维尔认为死亡角不过是当地居民杜撰出来或是他们的图腾与禁忌而已。

直到4月10日，他们才开始小心地向死亡角接近。拳击手特雷霍特第一个走进巴罗莫岛，诺克斯维尔走在第二，默里迪恩拉夫人走在第三，他们呈纵队每人间隔1.5米左右，慢慢深入腹地。他们小心翼翼，走了不久，就看见了路上的一堆白骨。默里迪恩拉夫人后来回忆说："诺克斯维尔叫了一声'这里有白骨'，我一听，就站住了，不由自主地向后退了两步。我看见他蹲下去观察白骨，而走在最前面的特雷霍特转身想返回看个究竟，却莫名其妙地站着不动，并且惊慌地叫道'快拉我一把！'而诺克斯尔也大叫起来，'你们快离开这里，我站不起来了，好像这地方有个磁盘。'"

默里迪恩拉说："那里就像科幻片中的黑洞一样，将特雷霍特紧紧地吸住，无法挣脱，甚至丝毫也不能动弹。后来我就看见特雷霍特的面部肌肉萎缩得像变了一个人，他张开嘴，却发不出任何声音，后来我才发现他的面部肌肉不是萎缩，而是在消失。不到 10 分钟，他就仅剩下一张皮蒙在骨架上了，那情景真是令人毛骨辣然。没多久，他的皮肤也随之消失了。奇怪的是，他的脸部骨骼上看不到红色的血肉，就像被传说中的吸血鬼吸尽了血肉一样。我觉得这是一种移动的引力，也许会消失，也许会延伸，因此，我拉着妻子逃了出来。"

1980 年 4 月，美国著名的探险家组织——詹姆斯·亚森探险队，前往巴罗曼岛。在这一行人中，有地质学家、地球物理学家、生物学家，他们对该地磁场进行了鉴定，还对周围的地质结构进行分析，但是仍没有在巴罗莫岛找到有地磁存在的证据。

科学家认为，巴罗莫岛与世界其他几个死亡谷极为相似。在这个长 225千米，宽 6.26 千米的地带，生活着各种动植物，而一旦人类进入，就必死无疑。

这次，亚森探险队的阿尔图纳不顾众人的反对，要做一个献身的试验。他在身上拴了一根保险带和几根绳子，又在全身夹了木板，然后视死如归地走向巴莫岛：他与同伴约定，只要他一出声，大家就立即将他拖出险地。但这一次说来很怪，他一直走了近 500 米的路，也没发生危险。最后大家怕一起陷入危险，导致无谓死亡，便将阿图纳强行拖了出来。

尽管这次探险没能为这一奇怪现象找到答案，但这个试验证明了当初默里迪恩拉的推测，即巴罗莫岛的引力是移动的、阵发性的。这个试验，为以后的考察工作至少提供了可以借鉴的经验。

阿尔图纳解释说："也许巴罗莫岛上的野生动物就是凭经验和本能掌握了这一规律，所以才得以逃离死亡，生存下来。"

这当然也包括如美国内华达与加利福尼亚相连的死亡谷，还有印度尼西亚爪哇岛上的死亡谷。

27

神秘的百慕大三角

百慕大三角是世界闻名的神秘海域，它地处北美佛罗里达半岛东南部，具体是指由百慕大群岛、迈阿密（美国）和圣胡安（波多黎各）三点连线形成的一个三角地带。几百年来，这里频繁出现离奇的海难事故和其他一些神奇的事件。人们把这个恐怖的海域称为"魔鬼三角"或"死亡三角"。

神奇的百慕大三角

轮船的灾难地

1963 年 2 月 2 日，美国"玛林·凯恩"号油船例行出航。这艘船上装配着现代化的导航仪器及先进的通讯设备。在出航的第二天，船上的船员还向海港报告说："油船已正常地航行到北纬 26°40′、西经 73°的海面上。"然而谁也想不到，这却是"玛林·凯恩"号油船发出的最后一份报告。此后，这艘油船竟无声无息地失踪了，好像掉进了深洞里。事后派船去搜寻，海面上连一滴油也未见到。

海底金字塔

1979 年，美、法科学家有了新的发现：在这个海区发现了一座金字塔，它高 200 米，底边长 300 米，塔尖与海面相距 100 米。塔身有 2 个巨洞，水流汹涌而过。有些科学家说，建造金字塔的原料可能是含铁的巨石，由于海浪冲击及地磁场的长期作用，金字塔被不断磁化，成了一块巨大的永久磁铁。当轮船经过这个海区时，仪表失常，而且可能会被吸入水底。

飞机的坟场

令人恐惧的是，飞机在这个海区上空飞行时，也常常遭到莫名其妙的"飞来横祸"，在这里失事的飞机，有的直到最后几分钟还同机场保持着正常的联系，它们几乎是在一瞬间消失的。有的飞机则在失事前发出了奇怪的报告，例如，仪表突然失灵、天空发黄、晴天起雾、海上变得异常等，可是谁也没来得及提供更详细具体的情况，就渺无踪迹了。

中尺度旋涡

20 世纪 70 年代以来，人们利用先进技术对百慕大三角区进行了一系列大规模调查，发现该海域有许多漩涡，其半径 20～40 千米，漩涡方向有顺（时针）有逆（时针），中心温度有冷有暖，中心海面有低有高，漩转速度从每秒几厘米至几十厘米，它们时隐时现，出没无常，"寿命"可达几个月。这就是所谓的"中尺度漩涡"。当海洋中出现顺时针方向旋转的中尺度漩涡时，由于科氏力的作用，海水将从四周向中心辐聚，使漩涡中心海面高于四周，形成高出海面几百米的巨大的移动性"水山"。这种突如其来的巨大水山，能吞噬所有航船。

巨大凹面镜

当海洋中出现逆时针方向旋转的中尺度涡时，海水将向四周辐射，使漩涡中心海面低于四周，形成一个巨大的凹面镜，将光线反射在主轴焦点上。一个半径为 500 千米的凹面镜，当太阳光入射角为 60～70°时，其聚光点直径在 1 米左右，焦点处的温度可达几万摄氏度。不难设想，飞机一旦进入焦点附近上空，顷刻之间就会被烧成灰烬。凹面镜聚光需要光源，光源越强，聚光效果越好，焦点温度也越高。这就是为什么飞机失踪常发生在万里晴空、海平如镜、风力不大的时候，因为这些正是凹面镜反光、聚焦的良好条件。

生生不息的贝加尔湖

最使科学家感兴趣并且迷惑不解的是，贝加尔湖中生活着许多地地道道的海洋生物，如海豹、鲨鱼、海螺等，这也正是贝加尔湖的不同寻常之处。世界上的淡水湖中，只有贝加尔湖湖底长着浓密的"丛林"——海绵，海绵中还生长着奇特的龙虾。可是，人们始终不明白，贝加尔湖的湖水一点也不咸，为什么会生活着如此众多的"海洋生物"呢？对此，科学家们作了种种推测。最初的时候，一些科学家认为，地质史上贝加尔湖是和大海相连的，海洋生物是从古代的海洋进入贝加尔湖的。前苏联科学家维列夏金认为，这是地壳变动的结果。他根据古生物和地质方面的材料推测，中生代侏罗纪时的贝加尔湖以东地区，曾有过一个浩瀚的外贝加尔海。后来由于地壳变动，留下了内陆湖泊——贝加尔湖。随着雨水、河水的不断加入，咸水变淡，而现在的"海洋生物"就是当时海退时遗留下来的。

20 世纪 50 年代初期，人们在贝加尔湖附近打了几口很深的钻井。但从取上来的岩芯样品中，人们没有发现任何关于中生代的东西。也有一些材料证明，没有中生代的沉积层，只有新生代的沉积岩层。贝加尔湖地区长时间以来一直是陆地。贝加尔湖是在地壳断裂活动中形成的断层湖，从而否定了湖中海洋生物是海退遗种的说法。那么，湖中的"海洋生物"到底从何而来呢？它们又是怎样进入湖中的呢？目前科学界的两种说法虽然都不是定论，但我们始终相信，随着科学技术的不断发展和人们对自然认识的

生生不息的贝加尔湖

不断深入，这个谜团终将会得到圆满答案。

不见芳踪的香格里拉

作家希尔顿的小说《失去的地平线》中的香格里美拉虽然是虚构的，但却有现实中的原型，据说是以西藏古典传记中的世外桃源"香巴拉"为依据写成的。

西藏经典中记载的香巴拉，是个雪山环绕，天地之间纯净如水，黄金佛塔林立，处处宁静祥和的神圣王国。对于虔诚的喇嘛僧侣来说，这不仅是个神话般的传说，而且是他们终生追求、可望而不可及的一处圣地。但是，以前这传说只是在藏民和喇嘛僧侣中流传，而希尔顿的

不见芳踪的香格里拉

书问世以后，"香格里拉"（或"香巴拉"）引起了世人的热烈关注。于是寻找"香格里拉"就成了世界上的一大热点。

"香格里拉"究竟在哪儿？据我国西藏传说，前往"香格里拉"圣地的入口，就在布达拉宫的神殿之下。这种传说有一定道理。因为布达拉宫本身就是藏传佛教的圣地，其选址和设计必然有其独特的匠心。另一种传说是，"香格里拉"不在西藏，而在印度和巴基斯坦交界处的克什米尔地区。近年来又有人声称，真正的"香格里拉"不在西藏，而在我国云南的中甸。此处处于终年积雪的雪山、江水奔腾的峡谷和大片的原始森林之中，天空碧蓝、泉水清澈，居民们都是藏族同胞。他们始终认为，自己居住的这个地方就是"香格里拉"。

以上三种说法都有一定的道理，但迄今为止并没有一个定论。也许，

"香格里拉"本身就是一个美好的象征，它可以指任何人间仙境、世外桃源，同时又永存于世人的心中。

幽灵岛·死神岛·"长人"岛

在南太平洋的汤加王国西部海域中，有个名叫小拉特的岛屿。据历史记载：公元 1875 年，它高出海面 9 米；1890 年，高于海面达 49 米；1898 年，该岛消失，沉没水下 7 米；1967 年，它又冒出海面；1968 年，它又消失了；1979 年，再次出现像这种时隐时现，出没无常的岛屿，人们称为"幽灵岛"。"幽灵岛"在爱琴海桑托林群岛、冰岛、阿留申群岛、汤加海沟附近海域曾多次发现过。它是海底火山耍的把戏：火山喷发，大量熔岩堆积，火山停止活动后便形成岛屿；一段时间后，岛屿下沉、剥蚀，隐没在海面下。

在距加拿大东部的哈利法克斯约 300 千米的北大西洋上，有个名叫塞布尔（法语，意为"沙"）的岛屿。此岛位于从欧洲通往美国和加拿大的重要航线附近。历史上有很多船舶在该岛附近海域遇难，船只沉没事件频频发生。据不完全统计，从古至今，在该岛附近海域罹难的船舶不下 500 艘，丧生人数达 5000 以上。因此人们称它为"死神岛"。较多学者认为，这是因为该岛位置和面积经常变化，岛的附近有大片流沙和浅滩，加上气候恶劣，容易使船只搁浅沉没。也有人认为，岛附近海域磁场与邻近海面不同，且变幻无常，造成船上导航罗盘等仪器失灵，而发生海难。究竟什么原因仍需进一步研究。

加勒比海上的"马提尼克岛"，从 1948 年开始，出现一种奇异的现象：岛上的人特别高，成年男子平均身高达 1.90 米，成年女子平均身高 1.74 米；岛上的动物、植物个体也较大，比如该岛的老鼠一般有猫那么大。外来的人在岛上住一段时间，也会"增高"。法国科学家格莱华 64 岁时和他 57 岁的助手，在岛上生活 2 年，两人分别增高 8 厘米和 6.5 厘米。因此，该岛被称为"长人"岛。一些科学家认为，可能该岛蕴藏着某种放射性矿藏，使生物体机能发生变化。也有人猜测可能有一只飞碟或其他天外来物坠落在该岛，这天外来物的残骸放射出一种性质不明的辐射光，使人或动物个体增大。

比利牛斯山圣泉之谜

法国比利牛斯山脉中有个叫劳狄斯的小集镇，镇上有个岩洞，洞内有一眼清泉长年累月不停地流淌，泉水以其神奇的治病功能吸引了世界各地成千上万的人，这就是闻名全球的神秘"圣泉"。

传说 1858 年，一位名叫玛莉·伯纳·索毕拉斯的女孩在岩洞内玩耍，忽然，圣母玛利亚在她面前显圣，告诉她洞后有一眼清泉，指引她前往洗手洗脸，并且告诉她这泉水能治百病，说罢倏然不见。

100 多年过去了，神奇的泉水

比利牛斯山圣泉

经年不息。前来圣泉求医的各地人也络绎不绝。它的吸引力远远超过了穆斯林圣地麦加、天主教中心罗马和伊斯兰教、犹太教及基督教的发祥地耶路撒冷。据统计，每年约有430万人次去劳狄斯，其中不少人是身患疾并甚至是病入膏肓已被现代医学宣判"死刑"的病人。

他们不远千里来这儿，仅在圣泉水池内浸泡一下，便能病情减轻，有的竟不药而愈。有个意大利青年，名叫维托利奥·密查利，他身患一种罕见的癌症，癌细胞已经破坏了他左髋骨部位的骨头和肌肉。经 X 光透视发现，他的左腿仅由一些软组织束同骨盆相连，看不到一点骨头成分，辗转几家医院后，他的左侧从腰部至脚趾被打上石膏，但却被宣告无药可医，

33

而且预言至多能再活一年。

1963 年 5 月 26 日，他在其母亲的陪伴下，经过 16 小时的艰难跋涉到达劳狄斯。第二天便去沐浴，密查利在几名护理员的照顾下，脱去衣服，光着身子被浸入冰冷的泉水中，但打着石膏的部位却未浸着，只是用泉水进行冲淋。奇迹出现了。打这以后，密查利开始有了饥饿感，而且胃口之好是数月来所未有过的。从圣泉归家后仅数星期，他突然产生从病榻上起身行走的强烈欲望，而且果真拖着那条打着石膏的左腿从屋子的一头走到另一头。此后几个星期内，他继续在屋子里来回走动，体重也增加了。到了年底，疼痛感竟全部消失。

1964 年 2 月 18 日，医生们为他除去左腿上的石膏，并再次进行 X 光透视，片子上清晰显示出那完全损坏的骨盆组织和骨头竟然出人意外地再生。4 月，他已能行动自如，参加半日制工作，不久便在一家羊毛加工厂就业。

这一病例，现代医学竟无法解释。

那么，圣泉这种"起死回生"的奥秘究竟何在呢？随着现代医学的不断发展，我们相信，人们一定能剥去圣泉的扑朔迷离的宗教外衣，揭示它的本质，从而解开这个谜团。

同样是在法国比利牛斯山区，有座名叫阿尔勒的小镇。就在这个小镇的一个教堂里，有一口 1500 多年前精心雕制的石棺，石棺长约 1.93 米，用白色的大理石雕成。令人不解的是，这口石棺中长年盛满清泉般的水，却没一人能解释石棺中的水是从哪里来的。

镇上的居民回忆说，这件怪事是从公元 960 年以后发生的。当时，有一位修士从罗马带来了两位皈依基督教的波斯亲王圣阿东和圣塞南的圣物，并把圣物放入石棺中。此后，石棺内的"圣水"源源不绝，"圣水"为当地居民带来吉祥和幸福。人们视这"圣水"为神奇的水，因为它有神奇的医治疾病的疗效，人们珍藏它，不到万不得已不拿出来使用。

据有关专家的考察，这口石棺总容量还不到 300 升，而每年从这口石棺中流淌出来的水却是 500 ~ 600 升。即使在旱灾之年，石棺仍为当地居民提供澄清的圣水。

据当地的居民说，第二次世界大战前的某一夏天，石棺还溢出水来。

1961 年，石棺内的水源之谜吸引了两位来自格累诺市的水利专家，他们试图解开石棺内的水源之谜。

最初，水利专家认为这是渗水或凝聚现象，于是想方设法垫高石棺，使它与地面隔开。为了揭谜，他们还用塑料布将石棺严严实实地包起来，以防外界雨水渗入石棺中；为了防止有人往棺内灌水，在石棺旁设岗，日夜值班。

所有的办法都未使石棺内水源断绝。专家们用科学方法对石棺内的水进行鉴定，发现棺内的水即使不流动，水质也是纯净不变的，似乎石棺内的水能够自动更换一样。

以后的许多科学家也试图解开这个谜，结果都未能如愿。

死亡谷之谜

秘鲁境内的科迪勒那山西麓，有一个不大的山谷。这里环境幽静，风景秀丽。春天，小草新绿，鲜花簇簇，万紫千红；夏天，绿树成荫，犹如一片清凉的世界；秋季，天高云淡，气候宜人；入冬，山披银装，松柏更翠，别有一番风姿。

死亡谷

为此，当地政府将这里辟为旅游区。尽管这里的旅游设施很简陋，交通又不方便，可是慕名而来的游客络绎不绝，因为这山谷里景色实在太美了。然而，好景不长。过了一些时间，游客突然减少。为什么呢？原来，来过这山谷旅游的人中，有为数不少的人染上白血病，一个个相继死去。侥幸活着的人，心里也不踏实，整天惶惶然，唯恐哪天死神会突然降临。于是，曾经被人向往的美丽的地方，成了恐怖的死亡谷，使人听了毛骨悚然，不寒而栗。当地政府不得不关闭这个旅游区，并郑重告诫人们，无绝对必要，请勿进山谷，否则责任自负。那么，这山谷里究竟有什么东西能致人生病呢？有人说，这山谷里有鬼，专门勾人的魂儿；也有人说，山谷里恐怕有一种什么神秘的射线，经它辐射，就会使人慢慢生病；又有人猜想，这里的露水有毒，透过皮肤渗进血液，使人丧命。

众说纷纭，不一而足。为了搞清真正的原因，当地政府决定聘请各方面的专家来进行考察研究。尽管进山谷有生命危险，可是，一支考察队还是很快成立了。他们先是在山谷附近活动，后来又向村民们打听有关情况。调查很快就发现了一个现象：凡进山谷，白天在那里逗留的时间再长，也不会发生什么不幸；而在那里过夜，事情就不妙了。研究有了一个突破，这使许多曾白天去游玩的而没有过夜的游客，深深地呼出一口气。

考察队继续分头调查和研究着。经过很长一段时间的探索，他们终于揭开了死亡谷使人丧生的奥秘。

原来，这山谷里有一种昆虫，它身体很小，甚至能钻进一般家用的蚊帐。它身上带菌，能使被叮的人慢慢染上白血病。这种昆虫怕光，白天躲在石缝、草丛里，一到天黑，便陆续出来活动，半夜时分最活跃。因为它比蚊子还要小，叮人时几乎无痛觉，所以人们不会在意，更想不到它能危及生命。

有趣的是，科学家还发现，山谷里这种小昆虫"家乡观念"十分严重，它们不会越雷池一步，飞到其他地方去咬人作恶。如果把它们捉到别处喂养，就会丧失活动能力，甚至死亡。

幸亏这种昆虫的活动范围十分有限，否则，遭殃的人就更多了。

不过，叫人伤脑筋的是，在这山谷里，这种昆虫的生命力十分顽强，繁殖力非常惊人。科学家想尽了办法，用过了许多种剧毒药水，可就是无法将它们消灭干净。

也许自然界本身就要求平衡。美丽的山谷白天是属于人类的，晚上则让这种小昆虫尽情遨游。

令人自焚的火炬岛

在加拿大北部地区的帕尔斯奇湖北边，有一个面积仅 1 平方千米的圆形小岛，当地人称这一小巧玲珑的岛屿为普罗米修斯的火炬，简称"火炬岛"。据说，这一名称源于一个古老的传说：当年，把火种带给人类的普罗米修斯准备返回天宫的时候，顺手将已经没用了的火炬扔进了北冰洋，然而有火焰的一端并没有沉下去，而是露在水面继续燃烧，天长日久，便形成了一个小岛。经过风吹雨打，小岛上的火渐渐熄灭了。但是，即使过了许多年，它依旧有一种神奇的力量，这就是人一旦踏上小岛，就会如烈焰般地自焚起来。

据说早在 17 世纪 50 年代，有几位荷兰人来到帕尔斯奇湖。当地人再三叮嘱他们：千万不要去火炬岛。有位叫马斯连斯的荷兰人觉得当地居民是在吓唬他们。他认为，帕尔斯奇湖处在北极圈内，即使想在岛上点上一

令人自焚的火炬岛

堆火，恐怕也要费些周折，更不用说是使人自焚了。

因此，马斯连斯对这一忠告没有理睬，固执地邀了几个同伴向火炬岛进发，希望找到所谓的印地安人埋藏的宝物。可是，他们一行来到小岛边时，当地人的忠告让马斯连斯的几个同伴胆怯起来，都不敢再前进半步。只有马斯连斯一人继续奋力向前划去。

同伴们远远地目送着马斯连斯的木筏慢慢接近小岛，心里都很担心，默默为他祷告着。时隔不久，他们突然看到一个火人从岛上飞奔过来，一下子跃进湖里。那不正是马斯连斯吗？只见水中的马斯连斯还在继续燃烧。他们立即冲了上去，但谁也不敢跳下去救他，只能眼睁睁地看着他在痛苦

37

中挣扎。

1974 年，加拿大普森量理工大学的伊尔福德组织了一个考察组，在火炬岛附近进行调查。通过细致的分析，伊尔福德认为，火炬岛上的人体焚烧之谜，是一种电学或光学现象。这一观点即遭到考察组的另一位专家——哈皮瓦利教授的反对：既然如此，小岛上为什么会生长着青葱的树木？并且，在探测中还发现有飞禽走兽。哈皮瓦利认为，可能是岛上某些地段存在某种易燃物质。当人进入该地段后，便会着火燃烧。

正因为他们都认为这种自焚现象是由某种外部因素引起的，所以他们就都穿上了用特别的绝缘耐高温材料做成的服装，来到了火炬岛上。在岛上，他们并没有发现什么怪异的地方。然而，就在两个小时的考察即将结束时，考察组成员莱克夫人突然说她心里发热，一会又嚷腹部发烧。听她这一说，全组的人都有几分惊慌。伊尔福德立即叫大家迅速从原路撤回。

队伍刚刚往后撤，走在最前面的莱克夫人忽然惊叫起来。人们循声望去，只见阵阵烟雾从莱克夫人的口鼻中喷出来，接着闻到一股烧焦的肉味。待焚烧结束后，那套耐火服装居然完好无损，而莱克夫人的躯体已化为焦炭。

此后，美丽的小岛更披上了一层恐惧的面纱，让好奇的人们望而却步。

几年后，加拿大物理学院的布鲁斯特教授就这种自焚现象发表谈话。他认为：这种人身自焚现象并非现在才发生，而是历来就有的。他用英国作家狄更斯在小说《荒凉山庄》中的描述来支持自己的观点：1851 年，佛罗里达州的一位 67 岁的老妇人被烧成灰烬。布鲁斯特认为，这是典型的人体自焚事件，与外界条件毫无关系。它只不过是人体内部构造产生的。因此，他认为，尽管目前还不明白是什么原因导致了自焚，但可以断定与人的生活习惯有关。布鲁斯特的演说立即遭到伊尔福德等人的强烈抨击。伊尔福德认为，人体自焚必定来源于外界因素。

此后，从 1974 年至 1982 年，相继有 6 个考察队前往火炬岛，但无一例外地都是无功而返，而且每次都有人丧生。于是，当地政府不得不下令禁止任何人以科学考察的名义进入火炬岛。

如今，火炬岛已是人迹罕至了。然而，它仍旧静静地坐落在帕尔斯奇湖畔，似有意等待着人们去揭开笼罩在它身上的神秘面纱——这奇特的自然之谜到底因何而起？

南极的不冻湖

南极是人迹罕至的冰雪世界，素有"白色大陆"之称。在南极，放眼望去，皑皑白雪、银光闪烁。这片1400万平方千米的土地，几乎完全被几百至几千米厚的坚冰所覆盖，零下50~60℃的温度，使这里的一切都失去了活力，丧失了原有的功能。石油在这里像沥清似的凝固成黑色的固体，煤油在这里由于达不到燃点而变成了非燃物。

然而，有趣的自然界却奇妙地向人们展示出它那魔术般的本领：在这极冷的世界里竟然奇迹般地存在着一个不冻湖。围绕不冻湖的问题，科学家提出了种种推测和猜想，然而到现在为止还没有一个科学家能拿出令人满意和信服的结论。这南极的不冻湖的确太神秘了，要早日揭开这层神秘的面纱，还需要做进一步的探索。

不冻湖的奇怪现象

南极洲绝大部分地方覆盖着很厚的冰层，大陆冰层的平均厚度1880米，许多地方冰层厚达4000米以上，被称为"冰雪大陆"。南极大陆气候酷寒，年平均温度仅-25℃，最低温度达到-90℃，所以又被称为"世界寒极"。

然而，就在这片寒冷的冰天雪地上，却存在着不冻湖，实在令人费解。

1960年，日本学者鸟居铁分析测量资料后发现，该湖表面薄冰层下的水温为0℃左右，随着深度的增加，水温不断增高。16米深处，水温升至7.7℃。这个温度一直稳定地保持到40米深处。在40米以下，水温缓慢升高。至50米深处，水温升高的幅度突然加剧。至66米深的湖底，水温竟高达25℃，与夏季东海表面水温相差无几。

不冻湖存在之谜

这一奇怪的现象一经揭示，引起科学家们的极大兴趣，他们对此进行了深入地考察，提出了各种各样的看法。

有的科学家提出这是气压和温度在特殊条件下交织在一起的结果。他们认为，在南极地区，由于500米深处的海水不直接与寒冷的空气接触，因此水温高于地面上的温度。这种温差作用使得海水产生垂直方向的运动，这样就形成一股漩涡。靠这股漩涡的力量，500米深处的海水就被卷到海面上，形成了不冻湖。

另一种观点认为，在南极濒海地区，存在着一些奇特的咸水孔。这些咸水孔会散发热量，由此而凝结成巨大冰块。冰块的重量太大时，便会整块下沉至海底。在巨大冰块的挤压下，深层温度较高的海水上升到表面，于是形成不冻湖。湖水与寒冷空气接触一段时间后，湖水又结成大冰块，于是不冻湖又消失了。

40

甚至还有一些科学家则认为：在南极的冰层下，极有可能存在着一个由外星人所建造的秘密基地，是他们在活动场所散发的热能将这里的冰融化了。还有的科学家指出：这是个温水湖，很有可能在这水下有个大温泉把这里的水温提高了，把冰给融化了。

对这个问题，还有许多不同的观点，目前还没有一个很有说服力的答案。

罗布泊之谜

1972年7月，美国宇航局发射的地球资源卫星拍摄的罗布泊的照片上，罗布泊竟酷似人的一只耳朵，不但有耳轮、耳孔，甚至还有耳垂。对于这只地球之耳是如何形成的？有观点认为，这主要是50年代后期来自天山南坡的洪水冲击而成。洪水流进湖盆时，穿经沙漠，挟裹着大量泥沙，冲击、溶蚀着原来的干湖盆，并按水流前进方向，形成水下突出的环状条带。正因为干涸湖床的微妙的地貌变化，影响了局部组成成分的变化，这就势必影响干涸湖床的光谱特征，从而形成"大耳朵"。但也有人对此持不同观点，科学家们众说纷纭，争论不已，也许对于罗布泊的争论永远都不会结束。

为揭开罗布泊的真面目，古往今来，无数探险者舍生忘死深入其中，不乏悲壮的故事，更为罗布泊披上神秘的面纱。有人称罗布泊地区是亚洲大陆上的一块"魔鬼三角区"，古丝绸之路就从中穿过，古往今来很多孤魂野鬼在此游荡，枯骨到处皆是。东晋高僧法显西行取经

罗布泊的谜团

路过此地时，曾写到"沙河中多有恶鬼热风遇者则死，无一全者……"。许多人竟渴死在距泉水不远的地方，不可思议的事时有发生。

1949 年，从重庆飞往迪化（乌鲁木齐）的一架飞机，在鄯善县上空失踪。1958 年却在罗布泊东部发现了它，机上人员全部死亡，令人不解的是，飞机本来是西北方向飞行，为什么突然改变航线飞向正南？

1950 年，解放军剿匪部队一名警卫员失踪，事隔 30 余年后，地质队竟在远离出事地点 100 余千米的罗布泊南岸红柳沟中发现了他的遗体。

1980 年 6 月 17 日，著名科学家彭加木在罗布泊考察时失踪，国家出动了飞机、军队、警犬，花费了大量人力物力，进行地毯式搜索，却一无所获。

1990 年，哈密有 7 人乘一辆客货小汽车去罗布泊找水晶矿，一去不返。两年后，人们在一陡坡下发现 3 具卧干尸。汽车距离死者 30 千米，其他人下落不明。

1995 年夏，米兰农场职工 3 人乘一辆北京吉普车去罗布泊探宝而失踪。后来的探险家在距楼兰 17 千米出发现了其中 2 人的尸体，死因不明，另一人下落不明，令人不可思议的是他们的汽车完好，水、汽油都不缺。

1996 年 6 月，中国探险家余纯顺在罗布泊徒步孤身探险中失踪。当直升飞机发现他的尸体时，法医鉴定已死亡 5 天，原因是由于偏离原定轨迹

15 多千米，找不到水源，最终干渴而死。死后，人们发现他的头部朝着上海的方向。

由于罗布泊深藏在沙漠深处，人们要想靠近它十分困难。而仅有的几次成功的现场考察，却在理论上产生了严重分歧。早在 19 世纪下半叶，就有学者来到罗布泊进行了考察。他见到的湖泊芦苇丛生、鸟类聚居，是一大片富有生机的淡水湖；可这个湖泊与中国地理记载的罗布泊有南北一个纬度的差别。所以有人认为他见到的可能根本不是罗布泊，真正的罗布泊早已经干涸。也有人据此提出了惊人的想法：由于汇入罗布泊的塔里木河携带大量泥沙，造成了河床的淤塞，填高了湖底，于是罗布泊便自行改道，游移到了别的地方。

西地中海的"死亡三角区"

西地中海"死亡三角区"的三个顶点，分别是比利牛斯的卡尼古山，摩洛哥、阿尔及利亚、毛里塔尼亚共同接壤的延杜夫，再加上加那利群岛。在这片多灾多难的海域不断发生着飞机遇难和失踪事件。

两起一模一样的飞机遇难事故

1969 年 7 月 30 日，西班牙各家报纸都刊登了一条消息，该国一架"信天翁"式飞机，于 29 日 15 时 50 分左右在阿尔沃兰海域失踪。人们得到消息后，立即到位于直布罗陀海峡与阿尔梅里亚之间的阿尔沃兰进行搜索。由于那架飞机上的乘员都是西班牙海军的中级军官（上校和中校），所以，军事当局相当重视，动用了 10 余架飞机和 4 艘水面舰船。当人们搜寻了很大一片海域后，只找到了失踪飞机上的 2 把座椅，其余的什么也没发现。

在这次事故发生前 2 个月，即同年的 5 月 15 日，另一架"信天翁"式飞机也在同一海域莫名其妙地栽进了大海。

那次事故发生在 18 点左右，机上有 8 名乘务员。据目击者说，那架飞机当时飞行高度很低，驾驶员可能是想强行进行水上降落而未成功。机长麦克金莱上尉侥幸还活着，他当即被送往医院抢救。尽管伤势并不重，但他根本说不清飞机出事的原因。

人们还在离海岸大约一涅的出事地点附近打捞起 2 名机组人员的尸体。后来几艘军舰和潜水员又仔细搜寻了几天，另外 5 人却始终没找到。

据非官方透露的消息说，

西地中海"死亡三角区"

那次飞行本来是派一位名叫博阿多的空军上尉担任机长的，临起飞才决定换上麦克金莱，博阿多有幸躲过了那次灾难。然而好运并没能一直照顾他。时隔 2 个月，已被获准休假的博阿多再次被派去担任"信天翁"式飞机的机长。这次，他也没回来。

这一事实促使人们得出结论说，这是两起一模一样的飞机遇难事故——两架相同类型的飞机，从同一机场起飞，由同一个机长（博阿多）驾驶，去执行同一项反潜警戒任务，在同一片海域遇上了相同的灾难。但谁也无法解释，失踪的"信天翁"式飞机发回的最后呼叫"我们正朝巨大的太阳飞去"，究竟意味着什么。

四架飞机一起扑向大海

1975 年 7 月 11 日上午 10 点多钟，西班牙空军学院的 4 架"萨埃塔式"飞机正在进行集结队形的训练飞行。突然一道闪光掠过，紧接着，4 架飞机一齐向海面栽了下去。附近的军舰、渔船以及潜水员们都参加了营救遇难者和打捞飞机的行动。他们很快就找到了 5 名机组人员的尸体。但是这 4 架刚刚起飞几分钟的飞机为什么要齐心合力朝大海扑去呢？西班牙军事当局对此没有作任何解释，报界的说法是"原因不明"。

有人作过统计，从 1945 年二次大战结束到 1969 年的 20 多年和平时期中，地图的这个小点上竟发生过 11 起空难，229 人丧生。飞行员们都十分害怕从这里飞过。他们说，每当飞机经过这里时，机上的仪表和无线电都会受到奇怪的干扰，甚至定位系统也常出毛病，以致搞不清自己所处的方位。这大概就是他们把这里称作"飞机墓地"的原因吧。

七具尸体和六个西瓜

如果说飞机失事是因定位系统失灵，导致迷航造成的，那么对货轮来说，就令人费解了。因为任何一位船员都知道太阳就可以用来做确定方向的参照物。

西地中海面积并不大，与大西洋相比，气候条件也算是够优越的。然而，在这片海域失事的船只一点也不比飞机的数量少。

这里发生的最早一起船只遇难事件是在 1964 年的 7 月，一艘名为"马埃纳号"的捕龙虾的渔船不幸遇难，有 16 名渔民丧生。此事相当奇特，引起了人们各种各样的猜测。但 8 月 8 日，西班牙报纸刊登这则消息时却没有一个合情合理的解释。

事情经过是这样的：7 月 26 日 22 点 30 分，特纳里岛的一个海岸电台收到从一艘船上发来的一个含糊不清的呼救信号。但它既没有报出自己的船名，也未说出所在的方位。23 点整，该电台又收到一个相同的告急信号，之后就什么也听不到了。

第二天上午 10 点朽分，海岸电台收到另一只渔船发来的电报，说他们在距离博哈多尔角以北几里的地方发现了 7 具穿着救生衣的尸体。有人认出他们是"马埃纳号"上的船员。电文还说 7 具尸休旁边，还浮着一只空油桶和 6 个西瓜，此外什么都没发现。

为了寻找可能的生还者，海岸电台告知那片海域上的船只让他们也沿着前一只渔船的航线航行。过了一天，一艘渔轮报告说找到 3 具穿救生衣的尸休。几十只船在这里又整整搜寻了 3 天，均一无所获。后来在非洲海边的沙滩上又发现了 2 个人的尸体。这样一共找到了 12 个人，其余 4 人始终没有下落。

事后人们提出了许多疑问，比如：在相隔半小时的两次呼救信号中，

"马埃纳号"的船员怎么没能逃生？他们为什么两次都不报出自己的船名和方位？也许那些穿着救生衣的人是被淹死的？可遇难地点离海岸只有1海里，为什么船上那些水性娴熟的船员竟连一个也没能游到岸边？

还有人推侧说他们是饿死的。但是这似乎站不住脚，因为最先被捞上来的那7名船员在海里顶多呆了9个小时，这么短的时间，一般是不大可能饿死人的，还有一种认为船上发生过爆炸事故的假设也可以推翻，因为捞上来的尸体完全没有伤痕。任凭人们如何猜测，制造了这场灾难的大海一直保持着沉默。

全体船员迷失方向

地中海7月份的气候总是风和日丽的。1972年的7月26日上午，"普拉亚·罗克塔号"货轮从巴塞罗纳朝米诺卜岛方向行驶。到了下午，不知怎么回事，这艘货轮掉转船头驶到原航线的右边去了。原来船上的导航仪奇怪地受到了干扰，并且船长和所有的船员没有一个人还能够辨明方向。出发时船长曾估计，他们在第二天上午10点左右即可抵达目的地。但次日凌晨5时，"普拉亚·罗克塔号"遇上的几名渔民却说，这里离他们要去的米诺卡岛足有几百海里。很难设想在这段时间里，这艘货轮上所有的人都丧失了理智或喝醉了酒，以致连辨认方向的能力都没有了。这又是一起没人说得清楚的海上事故。

发光湖和燃烧湖

每当夜幕降临的时候，玻利维亚戈郁伯湖平静的湖面上，常常闪耀着密密的星光。在乌云密布、一片漆黑的夜晚，这种闪闪的光亮更加清晰了。人们发现，湖里生活着一种星星鱼，背脊长着一条狭长而透明的壳膜，保护着里面的发光器。它发光时，要吸收大量氧气，当鱼儿浮出水面时，氧和荧光素化合而发出光来。星星鱼不时在水里上下浮沉，冷光就此隐彼现地闪烁着，仿佛星星在眨眼。

真是无独有偶。巴哈马群岛上有个"火湖"也会发光。人们在湖上泛舟，船头和船舷旁会喷出鲜艳的"火光"，间或被桨声惊动跃出水面的鱼儿，也是鳞光闪闪，仿佛佩戴着珠宝。船尾则拖着一条长长的"火龙"，仿佛湖水在燃烧似的。

发光湖

这不是火湖在燃烧，而是这里繁生着一种体长只几微米的甲藻。它只要受到外界的扰动，如鱼游、船行或风吹，体内的荧光素在氧化作用下，就会激发出光来。

除了发光的湖外，还有会燃烧的湖。

多米尼加岛上有个沸湖，位于南部的山谷中，湖长不过90米，离湖边不远就深达90米。平时湖中无水，深深的湖底露出一个圆洞。当湖里布满水的时候，湖面热气腾腾，好像煮沸了的水那样，而且从湖底喷出一股高约3米的水柱来。散发出的气体里含有硫磺，湖的周围一片荒凉，寸草不生。

为什么湖水会沸腾呢？原来，沸湖是个火山口。沸湖也是个巨大的间歇喷泉。地下岩浆离地面较近，当地下水被加热后，就通过岩石的缝隙向地面喷出来，由于积聚了一定压力后才喷出，所以很壮观。

有趣的是，西伯利亚原始森林里的卡赫纳依达赫湖，附近没有火山，湖水也会燃烧和沸腾。这里湖岩陡峭，高达20米，尽是些烧焦了的煤渣黏土。有一次，一个渔翁正在撒网捕鱼，突然发现湖水沸腾起来，接着冒出泡沫，一股蓝色火焰伴着浓烟冲向天空，许许多多煤块从湖里抛到岸上，于是慌忙奔进森林躲避。过了一会儿，他再次来到河边，只见湖面上漂浮着许多煮熟了的鱼。

是谁将湖水煮沸的呢？原来，2000多年前这里的地下煤层发生过燃烧，部分塌落成洼地，积水成湖。湖底的裂缝中聚集大量可燃气体，东窜西跑的地下火，重回到原来地方，引起燃烧，使湖水冒出热气，甚至使地层爆裂，这时，烟火带着煤块一起冲向天空。

南极无雪区

南极洲是一个冰雪的世界。可是，就在这广阔的冰川雪原当中，却时不时地可以发现一些面积不小的地区没有冰雪。

南极洲有一个海域叫做罗斯海。从罗斯海朝着东北方向走去，就可以到达一个叫麦克默多的海湾。穿过麦克默多海湾，继续往前走，就可以看见一个无雪干谷的地区。无雪干谷的西侧是南极横断山脉，这里有3个干谷依次向北排列着，它们是：维多利亚谷，赖特谷，地拉谷。

无雪干谷周围的山的海拔高度大约在1500~2500米，那些山上都有冰川，而且这些冰川向着谷地里边流落而去，形成了冰瀑。不过，这些冰瀑流落到山谷两旁的时候就没有了。冰川到达不了的地方，一年四季都不下雪，所以人们才把它叫做"无雪干谷"。由于无雪干谷地区一年到头都没有雪，气候显得特别干燥。

这里没有冰，也没有雪，只有裸露的岩石，还有岩石下面那一堆堆海豹等兽类的遗骨。

好多科学家到达过这个无雪干谷地区，他们看到岩石下一堆堆海豹和兽类的遗骨，心里也感到特别奇怪：这个地方离最近的海岸也得有数十千米。远一点儿的要有上百千米。海豹这种动物一般全都是在海岸旁边生活的，不可能到达这么远的地方来。可眼前的这些海豹遗骨，却偏偏说明有些海豹根本不顾什么生活习性，硬是爬到了这里。那么，这些海豹为什么要从那么远的海岸往这里爬呢？

有的科学家说，这些海豹在海岸旁边生活的时候，爬来爬去就迷失了方向，就爬到了这个无雪干谷地区里边了。这里没有冰雪，海豹们没有了可以饮用的水分。它们想往回爬的时候，已经没有了一点儿力气。最后就被活活地干渴死了。

47

有的科学家说，世界上曾经出现过鲸类自杀的现象。这些海豹是不是也像鲸类一样，跑到这无雪干谷地区自杀来了。可是，这些海豹为什么要自杀呢？要不，这些海豹就是受到了什么惊吓，被一种什么东西驱赶到了这里。那么，在过去的年代里边，海豹们到底受到了一种什么样的惊吓呢？它们又是被一种什么样的东西驱赶到了这里呢？

这只是科学家们的猜想而已，谁也拿不出更多的证据来。所以，这些海豹的遗骨只能给人们留下了一个难解之谜了。

1960年，日本的一些科学家曾经对无雪干谷里的范达湖进行了科学考察。他们发现，范达湖的表面有一层三四米厚的冰，冰下面的水温是0℃左右。越是朝着湖的深处测量，水的温度就显得越来越高，在15～16米深的地方，水温升到了7.7℃。到了40米以下，那水温竟然可升到25℃。这种水温几乎能够跟温带地区大海海水的温度差不多了。范达湖这种奇怪的现象，顿时引起了科学家们的极大兴趣，相继跑到这里进行考察研究。

那么，范达湖的这种奇怪现象到底是怎么回事呢？这种现象应该怎么解释才对呢？科学家们各抒己见，争论了起来。这当中有两种观点，一种是太阳辐射的观点，另一种是地热活动观点。不过，这两种观点全都有反对意见。

南极洲无雪干谷地区范达湖的谜还没有解开，又出现了另一个不好解开的谜。

从范达湖往西10千米的地方，有一个小小的湖泊。这个小湖在－50℃的时候，都不会结冰，人们管它叫"汤潘湖"。汤潘湖很小，直径也就是数百米；而且湖水也特别浅，只有30厘米。汤潘湖的湖水含盐度比较高，如果把一杯湖水泼到地上，眨眼之间就会出现一层薄薄的盐。科学家们经过观察发现，汤潘湖就是到了－57℃的时候也不会结冰，所以人们都管它叫做"不冻之湖"。那么，这个湖为什么不结冰呢？有的人会说，因为湖里的盐分比较高，它就不会结冰了。有的科学家说，问题并不完全是这样，汤潘湖在那么冷的情况下不结冰，可能还是由于周围的地热在起作用。

南极洲无雪干谷地区还有一个湖，叫"皮达湖"。这个湖的湖面好像结着冰似的，人们曾经对它钻探过，几乎整个一个特别完整的大冰块，所以人们又管它叫做"永冻之湖"。那么，这个湖为什么一年到头都结着冰，而不被融化呢？这又是一个谜。

金沙江的大拐弯

世界上所有的河流都是弯弯曲曲的。河流弯曲的原因主要是由于河水对两岸的侵蚀不同造成的，因此河流总是在地球大地上划出一条条十分平滑和缓的曲线。但是，也有一些特殊的情况。

金沙江是长江的上游，它和怒江、澜沧江等大河在青藏高原的东北部发源，然后几乎彼此平行地一齐向南流淌，在青藏高原的东侧切成几列深邃的平行河谷。而在河谷与河谷之间，就是一条条大致平行的高山，这就是我国有名的横断山脉。在这三条河流中，金沙江最靠东边。起初，金沙江也是由

金沙江

北向南流的，可是当流到云南省境内的石鼓村北时，江流突然折转向东，而后又转而向北，在只有几千米路的距离内，差不多来了一个 180° 的大拐弯。金沙江流过石鼓村以后，坡度骤然加大，江水在只有几十米宽的深谷中呼啸奔腾。江两岸，一边是玉龙雪山，一边是哈巴雪山，从江底到峰顶高差 3000 多米，形成世界上最壮丽的峡谷，这段峡谷就是大名鼎鼎的"虎跳峡"。

千百年来，万里长江第一弯曾使许多到过这里的旅行者迷惑不解。就是世世代代居住在江边的居民们也弄不清这到底是怎样形成的，于是就产生了许多美丽的传说。而科学工作者则想对这样一种独特的河流形态深入

研究，最后揭开金沙江的发展历史。

一种比较流行的说法是，从前金沙江并没有今天的大拐弯，而是和怒江、澜沧江等一起并肩南流。就在金沙江与它的伙伴们一起南流的时候，在它东面不远的地方，还有一条河流由西向东不停地流淌着，我们不妨叫它"古长江"。急湍的古长江水不断地侵蚀着脚下的岩石，也不断地向西伸展着。时间一长，终于有那么一天，古长江与古金沙江相遇了。它们相遇的地点就在石鼓村附近。

这种现象，在地貌学上有一个名词，叫"河流袭夺"。河流袭夺这个词起得非常生动。一条本来流得好好的河流，竟然被另一条毫不相干的河拦腰斩断，把它掠夺到自己的怀抱里。

河流袭夺说还有一个有力的证据，那就是在今天的金沙江石鼓大拐弯的南方，也就是人们认为的当年金沙江流过的地方，还真的有一条小小河流——漾濞江。漾濞江的源头与石鼓的距离也不很远，那里还有一条宽阔的低地。这里虽然没有河流，可是仍然是一种河谷的形态。袭夺说的支持者们认为，古金沙江被古长江袭夺以后，江水虽然被古长江袭夺而去，但是，当年的河谷还在，并且在古金沙江的下方，仍然残存着一条小河——漾濞江，那也是古金沙江的遗迹。

当然，也有人不同意这种看法。他们认为，这里根本就没有发生过古长江与金沙江相互连通的河流袭夺事件，今天的金沙江所以会发生这样奇怪的拐弯，只不过与当地地壳断裂有关。他们发现，在石鼓以下的虎跳峡是沿着一条很大的断层发育起来的。金沙江在它流淌的过程中，碰巧遇到这条断层，河流不得不来了一个大拐弯。

石球和风动石

在南美洲有一些令人惊讶的石球。这些石球是1930年，联合果品公司的地界标定人在哥斯达黎加的森林和沼泽地带发现的。球面圆整光滑，曲率处处一样，直径从几厘米到几米不等，小的重几磅，大的重13.5吨，总计有数百个之多，球面上还镂刻着三角形、圆形、长方形、梯形等纵横交错的几何图案，疏密有致，宛如夜空的星星，又像某种神秘的巨人抛置的玩具。一般认为，这是2000年前印第安人的作品，但他们有加工如此坚硬的花岗岩的工具吗？没有。他们有把如此坚硬的花岗岩加工成标准球体的技术吗？答案是没有。附近没有花岗岩，他们有从遥远的地方把这样笨重的石球运送到这里来的能力吗？似乎也没有。

巨型石球

最神秘的是它的用途，有人认为它是"星际模型"的教具。但在遥远的衣不蔽体、食不裹腹的古代，是谁制作了这些教具，又向谁传授高深莫测、浩渺无垠的宇宙知识呢？

在我国福建南隅的东山岛上，有一块上大下小的巨石，长宽高都将近5米，重约200多吨，坐落在一块卧地磐石上，接触面不到一二尺见方，海风吹来，微微晃动，仿佛是一个悬空的摇篮，人们看见它摇摇欲坠的样子，胆战心惊，然而它却稳如泰山。

1918年2月13日，东山岛发生了一次7.5级的地震，山崩地裂，屋毁人亡，风动石却安然无恙。日寇侵华时，曾用钢绳套住巨石，开动军舰，企图把它拉倒，然而也是枉费心机，人们说，这是造山运动的杰作，之所以摇而不倒，是因为重心低和相贴面小的缘故。但是，石大底小，摇摇晃晃，重心偏低而又不断转移，何低之有？况且接触面小，更容易放置不稳。

当然，200吨的巨石，终非人力所为，大自然在茫茫大海之上，制造了这样一个灵动的奇迹，是不是在表示一种永恒的召唤呢？

双塔山和会飞的石头

从著名的承德避暑山庄向西行 10 千米，就有一道南北向绵延的山脊，山脊之上，矗立着 2 根粗大的红色岩柱，倚天拔地，一南一北，比肩兀立，尤如用红砖砌成的南北双塔，这就是有名的双塔山。

由于地质作用，形成这种地貌也并非十分奇特，双塔山奇就奇在，在这凌空出世的山顶上，确有 2 座真正的砖塔，北塔塔小，看不清；南塔由下望去，清晰可见。

这两座砖塔建于辽代，是承德最古老的建筑。是谁，用了怎样的方法，在这突兀而起的石柱上，建筑了这两座远离人间烟火的砖塔呢？双塔山高 30 多米，相当于现在的 9 层楼高，而且石柱都是上粗下细，绝难攀援。难道远在 1000 多年之前，辽代人就使用了现代化的滑轮吊车，将建筑材料吊运到了山顶之上？这，似乎不大可能。

承德双塔山

山上双塔的建筑方法，也叫人疑窦丛生而又叹为观止。两塔基础均是用三层砖直接砌在山顶之上，北墙采用齐缝砌法，这种砌法也仅此一家。其他三面用一般的压缝法砌成。

1976 年前，双塔北面的墙壁沿砌缝裂开，呈倾斜之态，位移较大。而唐山大地震后，裂开的缝隙反而弥合，而且较以前更加牢固了。

承德地处地震带内，难道古人总结出来的抗震结构就是这种世上绝无仅有的齐缝砌法？这似乎是没有多大科学道理的作法，但实际上确实达到了安全防震的效果。

距离印度马哈拉施特拉邦的浦那约 24 千米的地方，有一个叫希沃里的小村，村庄里有一座庙宇，供奉的是苏菲教圣人卡玛·阿利·达尔凡。飞起的石头就在这座庙里。石头一共 2 块，大的约 70 千克，另一块略轻。一个不可思议的现象是：如果有 11 个人用右手食指指着岩石，同时异口同声连续地叫喊"卡玛·阿利·达尔凡"这个圣人的名字时，那块大石便会飘然升起，升到约 2 米的空中，并悬在那里，声音停止，它便会落到地上，小的那块只需 9 个人就够。

马克·鲍尔佛起初不相信，他也加入试验者的行列，而那块大石居然真的弹跳起来，升到空中，屡试不变。后来，鲍尔佛将这一奇特景观拍成了电影。

中国的百慕大

这里古木参天，箭竹丛生，一道清泉奔泻而出。这里发生的一桩桩奇事令人大惑不解……

在四川盆地西南的小凉山北坡有个叫黑竹沟的地方，被人们称之为"魔沟"、"中国的百慕大"。

传说，在沟前一个叫关门石的峡口，一声人语或犬吠，都会惊动山神摩朗吐出阵阵毒雾，把闯进峡谷的人畜卷走。传说不足为凭，而实际发生的一桩桩奇事却令人大惑不解。

1955 年 6 月，解放军测绘兵某部的 2 名战士，取道黑竹沟运粮，结果神秘地失踪了。部队出动 2 个排搜索

中国的百慕大三角——黑竹沟

寻找，一无所获。

1977年7月。四川省林业厅森林勘探设计一大队来到黑竹沟勘测，宿营于关门石附近。身强力壮的高个子技术员老陈和助手小李主动承担了闯关门石的任务的第二天，他俩背起测绘包，一人捏着两个馒头便朝关门石内走去。可是到深夜，依然久久不见他俩回归的踪影。从次日开始，寻找失踪者的队伍逐渐扩大。川南林业局与邻近的峨边县联合组成的100余人的寻找失踪者的队伍也赶来了。人们踏遍青山，找遍幽谷，除两张包馒头用过的纸外，再也没有发现任何蛛丝蚂迹。

9年后的1986年7月，川南林业局和峨边县再次联合组成二类森林资源调查队进入黑竹沟。因有前车之鉴，调查队作了充分的物资和精神准备，除必需品之外还装备了武器和通信联络设备。由于森林面积大，调查队进沟后仍然只好分组定点作业。副队长任怀带领的小组一行7人，一直推进到关门石前约2千米处。这次，他们请来了2名彝族猎手作向导。

当关门石出现在眼前时，两位猎手不肯再往前走。大家好说歹说，队员郭盛富自告奋勇打头阵，他俩才勉强继续前行。及至峡口，他俩便死活不肯再跨前一步。副队长任怀不忍心再勉强他们。经过耐心细致的说服，好容易才达成一个折衷的协议：先将他俩带来的两只猎犬放进沟去试探探。第一只灵活得像猴一样的猎犬，一纵身就消失在峡谷深处。

可半小时过去了，猎犬杳如黄鹤。第二只黑毛犬前往寻找伙伴，结果也神秘地消失在茫茫峡谷中。两位彝族同胞急了，不得不违背沟中不能"打啊啊"（高声吆喝）的祖训，大声呼唤他们的爱犬。顿时，遮天盖地的茫茫大雾不知从何处神话般地涌出，9个人尽管近在咫尺，彼此却根本无法看见。

惊异和恐惧使他们冷汗淋漓，大气不敢出。副队长任怀只好一再传话："切勿乱走!"大约五六分钟过后，浓雾又奇迹般消退了。玉宇澄清，依然古木参天，箭竹婆娑。队员们如同做了一场恶梦。面对可怕的险象，为确保安全，队员们只好返回。

黑竹沟，至今仍笼罩在神秘之中，或许只有消失在其间的人才知道它的谜底。

盖锡尔与斯特罗柯间歇泉

盖锡尔间歇泉和斯特罗柯间歇泉位于冰岛首都雷克亚未克周围的平原上。这个地区是一个大喷泉区，约有 50 个间歇泉，到处冒出灼热的泉水，热气弥漫，如烟如雾。1294 年，一场地震摧毁了这里好几个间歇泉，但 2 个新间歇泉却应运而生，即盖锡尔间歇泉与斯特罗柯间歇泉。盖锡尔间歇泉最为有名，其最高喷水高度居冰岛所有喷泉和间歇喷泉之冠，也因此成为世界著名的间歇泉之一。喷发前，沸腾的水喷出而形成碗状，然后中间的水柱变成蒸汽直上空中约 20 米高处。

盖锡尔间歇泉

盖锡尔间歇泉亦称大间歇喷泉，位于首都雷克亚未克东北约 100 千米处。盖锡尔间歇泉是一个直径约 18 米的圆池，水池中央的泉眼为一直径 2.5 米的"洞穴"，洞穴深 23 米，洞内水温高达 100℃以上。每次泉水喷发之际，先隆隆作响，渐渐的响声越来越大，而且沸水也随之升涌，最后冲出洞口，向高空喷射。上喷的水柱高 70～80 米，旋即化作琼珠碎玉，从高空呼啸而下。每次喷发过程持续约 5～10 分钟，然后渐归平息，如此反复不息，景观十分壮美。后来盖锡尔间歇泉的喷水高度有所下降，间歇

盖锡尔间歇泉

时间也不甚规则，从 10 多分钟至一两分钟不等。这个间歇泉如此闻名，以

致早自 1647 年起，人们即用它的名字作为全世界所有间歇泉的通称。当地居民引喷泉热水为家庭取暖，或培育瓜果蔬菜。现在大温泉区的许多温室，还培植了温带花草树木和热带的香蕉。

斯特罗柯间歇泉

斯特罗柯间歇泉位于冰岛西南部，首都雷克雅未克以东约 80 千米处。斯特罗柯间歇泉比盖锡尔间歇泉小，每小时喷射几次，每次持续约 4~10 分钟。每当喷射时，滚烫的水通过直径约 3 米的水塘里的一个洞口涌出，呈一蓝绿色的水穹。然后，伴随着一阵轰鸣声，气泡翻腾，一股沸水柱猛地冲向 22 米以上的空中，蒸汽弥漫，发出嘶嘶声。然后喷水逐渐平息下来，直到下一次喷发。斯特罗柯间歇泉附近还有一个斯托里间歇泉，它是最早引起人们注意的。斯托里间歇泉过去曾经非常活跃，现在已经平静下来了，只是偶尔喷水。

间歇泉的形成

斯特罗柯间歇泉

间歇泉一般出现在岩浆（熔岩）接近地面处。那里炽热的岩石会把水烤热。如果水能自由泄流，它将像温泉或泥塘一样来到地面。如果水被封入岩石中的天然管道内，它将很快变热，并且部分水在巨大的压力下会变成蒸汽。当蒸汽的压力逐渐积聚增强时，一股巨大的水和蒸汽流便从地面喷射而出。这是由于地表下的裂隙粗细不均，使底部的水在温度增高时，只能发生局部对流作用所致。也就是说，当温度升高到一定程度时，水的膨胀力超过上部水的压力，底部的水便化为蒸汽带动上部的水喷发而出。蒸汽排出后，温度和压力降低，喷发也就停止。停止一段时间后，温度又升到一定时候，水又喷发。水加热和制造蒸汽的过程一直在进行着，所以间隔一段时间后另一股水和蒸汽的喷射流又迸发了。

巨人之路

在英国北爱尔兰安特里姆平原边缘，沿着海岸在玄武岩悬崖的山脚下，大约由4万多根巨柱组成的贾恩茨考斯韦角从大海中伸出来。这4万多根大小均匀的玄武岩石柱聚集成一条绵延数千米的堤道，被视为世界自然奇迹。300年来，地质学家们研究其构造，了解到它是在第三纪由活火山不断喷发而形成的。一股股玄武岩熔流涌出地面，冷却后收缩形成六边或四边、五边形的棱柱。

英国的巨人之路

57

巨人之路的传说

巨人之路又被称为巨人堤或巨人岬，这个名字起源于爱尔兰的民间传说。一种说法是由爱尔兰巨人芬·麦库尔建造的。他把岩柱一个又一个地移到海底，那样他就能走到苏格兰去与其对手芬·盖尔交战。当麦库尔完工时，他决定休息一会儿。而同时，他的对手芬·盖尔穿越爱尔兰来估量一下他的对手，却被睡着的巨人那巨大的身躯吓坏了。尤其是在麦库尔的妻子告诉他，这事实上是巨人的孩子之后，盖尔在考虑这小孩的父亲该是怎样的庞然大物时，也为自己的生命担心。他匆忙地撤回苏格兰，并毁坏了其身后的堤道。现在堤道的所有残余都位于安特里姆海岸上。

另外一种说法是爱尔兰国王军的指挥官巨人芬·麦库尔力大无穷，一次在同苏格兰巨人的打斗中，他随手拾起一块石块，掷向逃跑的对手。石块落在大海里，就成了今日的巨人岛。后来他爱上了住在内赫布里底群岛的巨人姑娘，为了接她到这里来，才建造了这么一条堤道。

解开巨人之路之谜

从空中俯瞰，巨人之路这条赭褐色的石柱堤道在蔚蓝色大海的衬托下，格外醒目，惹人遐思。但是是什么样的自然伟力造就了这一举世闻名的奇观呢？

现代地质学家的研究解开了"巨人之路"之谜。白垩纪末，北大西洋开始裂开，北美大陆与亚欧大陆分离，地壳运动剧烈，火山喷发频繁。大约5000多万年前，在现在的苏格兰西部内赫布里底群岛一线至北爱尔兰东部火山非常活跃。一股股玄武岩熔流从裂隙的地壳涌出，随着灼热的熔岩逐渐冷却、收缩，结晶的时候，它开始爆裂成规则的图案，这些图案通常呈六边形。

巨人之路海岸包括低潮区、峭壁，以及通向峭壁顶端的道路和一块平地。峭壁平均高度为100米。火山熔岩在不同时期分五六次溢出，因此形成峭壁的多层次结构。巨人之路是这条海岸线上最具有玄武岩特色的地方。大量的玄武岩柱石排列在一起，形成壮观的玄武岩石柱林，气势磅礴。石柱不断受海浪的冲蚀，在不同高度处被截断，导致巨人之路呈现高低参差的台阶状外貌。

组成巨人之路的石柱的典型宽度约为0.45米，延续约6000米长。有的石柱高出海面6米以上，最高者可达12米左右；也有的石柱隐没于水下或与海面一般高。类似的柱状玄武石地貌景观，在世界其他地方也有分布，如苏格兰内赫布里底群岛的斯塔法岛、冰岛南部等，但都不如巨人之路表现得那么完整和壮观。巨人之路是这种独特现象的完美的表现。这些石柱构成一条有台阶的石道，宽处又像密密的石林。巨人之路和巨人之路海岸，不仅是峻峭的自然景观，也为地球科学的研究提供了宝贵的资料。

火与冰的杰作

数千万年以前，雏形期的大西洋开始持续地分裂和扩张。大西洋中脊就是分裂和扩张的中心，也即是分离的板块边界。上地幔岩浆从中脊的裂谷中上涌，覆盖着大片地域，熔岩层层相叠。现今爱尔兰和苏格兰两岛的熔岩高原就是当时大规模的熔岩流形成的。熔岩冷却后形成玄武岩，岩浆凝固过程要发生收缩，而且收缩力非常平均，以致裂开时形成规整的六棱柱体，这种过程有点像泥潭底部厚厚的一层泥在阳光下曝晒干裂时的情景。贾恩茨考斯韦角的玄武岩石柱自形成以来的千万年间，受大冰期冰川的侵蚀及大西洋海浪的冲刷，逐渐被塑造出这一奇特的地貌。每根玄武岩石柱其实是由若干块六棱状石块叠合在一起组成的。波浪沿着石块间的断层线把暴露的部分逐渐侵蚀掉，把松动的搬运走，最终，玄武岩石堤的阶梯状效果就形成了。

鬼斧神工的玄武岩

北大西洋形成早期，在现已分离的北美大陆和欧洲大陆之间新形成的海道依然处在发展之中。北大西洋的主体位置已定，但它的边界则处在形成和变化阶段。大约8000多万年前，格陵兰的西海岸与加拿大分离，但东南海岸仍与对面的不列颠群岛西北的海岸紧紧相连。大约2000多万年后，这些海岸开始分离，而在现在的斯凯岛、拉姆岛、马尔岛和阿伦岛上，以及在苏格兰本岛的阿德纳默亨角和南部的爱尔兰的斯利夫·加利翁、克利夫登和莫恩均有大的火山。这些古老的火山在其初期时景色一定十分壮观，但有关当时的情况所留下的最重要的记录就是洪水、高原和玄武岩。喷发出来的玄武岩是一种特别灼热的流体熔岩。有记载，它的下坡流速每小时超过48千米。流体熔岩较容易散布于很大的面积，于是就有"泛滥玄武岩"这一术语。而且它们形成的大块熔岩遍布整个火山活动区。在印度的德干高原也有类似的玄武岩在4000万～6000万年前形成了70万立方千米的熔岩。任何热的液体遇冷收缩，熔岩也不例外。但当熔岩最终冷却到能够结晶的时候，便开始爆裂成规则的图案，而且常常是六边形图案。熔岩的主要特点是裂缝直上直下伸展，水流可从顶部通到底部。结果就形成了独特的玄武岩柱网络，所有的玄武岩柱不可思议地并在一起，其间仅有极细小的裂缝。

除了巨人之路外，另外一个著名的例子是在苏格兰西海岸外的内赫布里底群岛的斯塔法岛上。玄武岩柱在大部分地区均发育良好，而且会有一个巨大的岩洞。继神秘的巨人之路之后，那里的海水将岩柱侵蚀成芬戈尔岩洞。芬戈尔岩洞很有名，几个世纪来在诗歌和小说中均有文字描述它。而作曲家菲利克斯·门德尔松在 1829 年去该岛的一次访问中，被激发创作了现被称作"内赫布里底群岛"的著名管弦乐前奏曲。

形形色色的毒泉

在我国云南会泽、曲靖一带，是铜矿（云南东）川铜矿分布范围，这里的铜矿在地下水和地表水中在和杆菌的生物作用下，转化为胆盐，形成有毒的胆水，人饮后会产生铜盐中毒，恶心、呕吐、腹泻、言语不清，最后虚脱痉挛而死。这就是哑泉。

在哑泉的西南方有一泉，"此水沸着热汤，人若浴之，皮肉脱而死，名曰灭泉"。其实，这是一种高温地热泉。在云南边陲的腾冲地区最多。这里拥有各种温泉、热泉和汽泉等 79 处，分布达 6000 平方千米，水温 40 ~ 90℃ 以上。泉沸如滚汤，其气熏蒸，其势波涛汹涌，气象万千。

毒 泉

泉水成分多样，有硫磺泉、碳酸泉等，均无毒，但因水温太高，人若沐浴，则可被烫死。

在哑泉的正南方有一泉,其水微清,人若溅之在身,则手足皆黑而死,名曰黑泉。据凤庆县记载:"此毒泉水色黄绿,有咸味,人饮之发疟疾,畜饮之则毛脱。"泉水可能含有高浓度的有毒金属等物质。

东南有一泉,其水如冰,人若饮之,咽喉无暖气,身体软弱如绵而死,名曰柔泉。柔泉很像毒气泉,腾冲地区有两处:一处叫"醉岛井",鸟飞到井附近中了毒,就像中风似的扑腾而死;另一处叫"扯雀塘",因鸟从塘上飞过时会被扯下来毒死而得名。

"扯雀塘"又名"扯雀泉",在地热之乡境内千奇百怪的火山和地热景观中,可以说是独树一帜了!它不仅能"扯雀",而且能"扯"2~3千克重的大鸭子。这毒劲真比煤气还要厉害呢!

1984年的一天,一队人马游览了黄瓜菁——"泓热海",洗了"过路澡"之后,听说这个县迪石乡有个能毒死飞临其上的飞禽和误入其中的走兽的"扯雀泉",就决定去验证一下。听说曾有人把一只二三千克重的大公鸡投入泉中,几分钟就死了。有人想到,也许因为公鸡不会凫水呛死的吧?所以,又买了一只会凫水的鸭子,也有3千克重。

来到泉边,映入眼帘的是一个土塘子里的水潭,水的颜色、味和透明度都没有什么异样,只是发现土塘里有些鸟儿的"遗骨",这大概就是那些误入歧途者的残骸了。调查组的科学家们,躲在附近等了2个多小时,没有发现有飞鸟被"扯"下来,最后只好把那只用高价买来的鸭子放到泉里去。可怜的鸭子,刚一下水,只凫了几下,突然一声哀叫,只见它挣扎着在原地"游"了3分钟,就奄奄一息了。

扯雀泉为什么能毒死鸟儿、公鸡和鸭子呢?据科学家考察,这两处毒泉所冒出的气体,主要成分是硫化氢、二氧化碳、一氧化碳,此外,还有少量的二氧化硫、烃和汞气等。除二氧化碳外,其余气体皆为毒气。试想含有如此之高的毒性气体,怎能不毒死人和动物呢?毒气泉是火山活动的产物,在晚期火山熔岩已无力再行喷发,熔岩中的气体随岩浆冷凝后,沿断裂上升,聚集后由地表排出形成了毒气泉。

今天,随着地质环境的变迁,有不少毒泉早已不复存在了。一些毒泉的秘密也被人们不断揭开。但是,在纷繁变化的大千世界里,仍然还有一些"毒泉"还未被人们所认识，等待着人们去揭示它的奥秘。

南海中的"神秘岛"

1933 年 4 月，法国考察船"拉纳桑"号来到我国南海进行水文测量。他们在海上不停地来回航行，进行水下测量的作业。突然，船员们见到在上一回驶过的航道上竟矗立起一座无名小岛，岛上林木葱茏，水中树影婆娑。可在半个月后，当他们再来这里测量时，却又不见了这个小岛的踪影。对于这个时有时无、出没无常的神秘小岛，大家都莫名其妙，不解真情，只好在航海日志上注明：这是一次"集体幻觉"。

3 年后，即 1936 年 5 月的一个夜晚，一艘名叫"联盟"号的法国帆船航行在南海海域。这艘新的三桅帆船准备开往菲律宾装运椰干。

"正前方，有一个岛！"在吊架上瞭望的水手突然一声呼叫，顿时惊动了船上的所有船员。

南　海

船长苏纳斯马上来到驾驶台，用望远镜进行观察。他清清楚楚地看到了一个小岛。他感到纳闷，航船的航向是正确的，这里离海岸还有 250 海里，过去经过这里时未见过这个小岛，难道它是从海底突然冒出来的吗？可是岛上密密的树影，又不像是刚冒出海面的火山岛。

船长命令舵手右转 90 度，吩咐水手立即收帆。就这样，"联盟"号缓缓绕过了这座神秘的小岛。

这时，船员们都伏在右舷的栏杆上，注视着前方。朦胧的夜色映衬着小岛上摇曳的树枝，眼前出现的事，真如梦境一般。

此时，船上航海部门的人员赶紧查阅海图，进行计算，确定船的航向准确无误，罗经、测速仪也工作正常。再查看《航海须知》，可那上面根本就没有这片海域有小岛的记载，而且，每年都有几百、上千条船经过这里，它们之中谁也没有发现过这个岛屿。

忽然，前面的岛屿不见了，可过了一会儿，它却又在船的另一侧出现了！船长和他的船员们紧张地观察着出现在他们面前的如同黑色幕布般的阴影。

突然一声巨响，全船剧烈地摇晃起来。紧接着，船体肋骨发出了嘎吱嘎吱的声响，桅杆和缆绳相扭结着，发出阵阵的断裂声。一棵树哗啦一声倒在了船首，另一棵树倒在了前桅旁边，树叶飒飒作响，甲板上到处是泥土、断裂的树枝、树皮和树脂的气味与海风的气味混杂在一起，使人感到似乎大海上冒出了一片森林。船长本能地命令右转舵，但船头却突然一下子翘了起来，船也一动不动了。船员们一个个惊得目瞪口呆。显然，船是搁浅了。

天终于亮了，船员们终于看清大海上确实有两个神秘的小岛，"联盟"号在其中的一个小岛上搁浅了，而另一个小岛约有150米长，它是一块笔直地直插海底的礁石。

好在船的损伤并不严重。船长吩咐放两条舢板下水，从尾部拉船脱浅。船员们在舢板上努力划桨，一些人下到小岛使劲推船，奋战了两个多小时，"联盟"号终于脱险。

"联盟"号缓缓地驶离小岛。两个小岛渐渐地消失在人们视野之中。这一场意想不到的险恶遭遇，使全船的人都胆战心惊。精疲力竭的船员们默默地琢磨着这一难解之谜。

"联盟"号刚一抵达菲律宾，船长苏纳斯就向有关方面报告了他亲身经历的这次奇遇。当地水道测量局等有关单位的人员听后说，在这片海域从来也没有发现过岛屿。其他船上的水手们也以怀疑的态度听着"联盟"号船员的叙述。显然，大家都认为这是"联盟"号船员的集体幻觉。

船长苏纳斯不想与他们争辩。他决定在返回时再去寻找这两个小岛，记下它们准确的位置。开船后两天，理应见到那两个小岛了，他却什么也没有见到。他们在无边的大海上整整转了 6 个小时，还是一无所获，两个小岛已经消失得无影无踪了。苏纳斯虽有解开这个谜的愿望，但他不能耽搁太久，也不能改变航向，只好十分遗憾地驶离了这片海区。

海中自转的小岛

1964 年，从西印度群岛传来了一件令人瞠目的奇闻：一艘海轮上的船员，突然发现这个群岛中的一个无人小岛，竟然会像地球自转那样，每 24 小时自己旋转一周，并且一直不停。这可真是一件闻所未闻的怪事！

这个旋转的岛屿是一艘名叫"参捷"号的货轮在航经西印度群岛时偶然发现的。当时，这个小岛被茂密的植物覆盖着，处处是沼泽泥潭。岛很小，船长卡得那命令舵手驾船绕岛航行一周，只用了半个小时，随后他们抛锚登岛，巡视了一番，没有发现什么珍禽异兽和奇草怪木。船长在一棵树的树干上刻下了自己的名字、登岛的时间和他们的船名，便和随员们一起回到了原来登岛的地点。

"奇怪，抛下锚的船为什么会自己走动呢？"一位船员突然发现不对劲而大叫起来，"这儿离刚才停船的地方差了好几十米呀！"

回到船上的水手们也都大为惊异，他们检查了刚才抛锚的地方，铁锚仍然十分牢固地钩住海底，没有被拖走的迹象。船长对此满腹狐疑，心想这是不是小岛本身在移动呢？

这件奇闻使人们大感兴趣，一些人闻讯前去岛上察看。根据观察结果，一致认为是小岛本身在旋转，至于旋转的原因，就众说纷纭，莫能归一了。比较多的人认为，这座小岛实际上是座浮在海面上的冰山，因潮水的起落而旋转。但真相究竟如何，当时谁也不能断言，只好留待科学家们去研究了。

过了不久，这座怪岛又从海面上消失，不知所终。

最后一块神秘的大陆

南极洲，一直被人们看做是一块神秘的大陆，因为那里有着太多的未解之谜。

在南极附近航行的船员们，时常发现南极洲的一些冰山呈绿色，至于是什么原因造成的，一直未被人知晓。

美国的一位地理学教授称，这是露出水面的淡黄色生物体，在太阳的照射下与蔚蓝的大海相交融所显示出的绿色。

绿色的冰山美丽极了，这独一无二的奇异景观相信谁也不愿意错过。

20 世纪 80 年代末期，科学家们发现，在南极上空的臭氧层出现了一个大洞，这就是"臭氧空洞"。

臭氧是地球的"天然屏障"，虽然宛如一层轻纱却保护了人类免受太阳光中紫外线灼伤，同时还会避免引起"温室效应"，避免因此而导致海平面上升。

神秘的大陆

过去，人们一直认为臭氧层的减少，是由于工业污染和人类不注意环境保护的结果。

然而，在南极洲500万平方千米的大陆上，人迹罕至，哪里会有污染？简直令人匪夷所思！

所以，前苏联的一位科学院通讯院上奥杰科夫指出：南极上空"臭氧空洞"的出现，是外星人从地球外对地球进行科学考察的结果。他还说，世界大洋平面近100年来上升32～35厘米，也是受地外文明的影响。

关于南极洲的秘密。还有一个更加奇异的传闻。

比利时不明飞行物研究中心的研究员波尔蒙斯、普雷恩和埃尔斯豪特等人公开声称：南极洲有德国纳粹的军事基地。

人们对这一点将信将疑。二战时，德国人有 3 项计划：制造原子弹、开发南极洲、研制圆盘状飞船。

第二次世界大战后期，德国的潜艇很可能把德国的科学家、工程师和器材运到了南极洲。

而且有消息说，在 1939 年，希特勒曾经把他的亲信阿尔佛雷德·里切尔派往南极进行实地考察。

所以，纳粹余孽把南极洲当做军事基地进行飞碟研究的说法并不是无稽之谈。

西班牙的一位 UFO 研究专家安东尼奥·里维拉说："我们认为，如果德国纳粹的科学家和军人确实来到了南极洲，那么人们就完全有理由相信，除了货真价实的外星人的 UFO 外，在南极洲上很可能还存在着地球人自己制造的 UFO。"

美国两位玛雅文化研究专家埃里·乌姆兰德和克雷格·乌姆兰德在《古昔追踪——玛雅文明消失之谜》一书中指出：南极洲在过去并非全部被冰层覆盖，那里曾经是"适于人类生存"的地方，那里可能是神秘的玛雅人在地球上生活的第一个基地。在南极洲的冰层下，可能还遗留着他们所用的器材，甚至还会找到玛雅人的遗体。

而且，玛雅人或其他"史前文明人"似乎仍然生活在南极洲厚厚的冰层下面。飞行家、探险家理查德·拜德有过一次难忘的南极飞行，并在飞机上作过一次令人难忘的飞行广播。

拜德将军说，他穿过朦胧的光雾后，进入了一个布满不冻湖的绿色地带的上空；在"草原"上，有一种像美国野牛似的巨兽，还有一些别的动物和类似"人"的生物。

当听得津津有味儿的听众们想进一步了解情况时，广播突然中断了。有关方面声称："拜德将军的广播报告是精神过度疲劳和在有幻觉的情况下进行的。"

事后，有关这次南极探险经历的报道内幕均没有公开，当事人也没有作任何解释。后来美国和俄罗斯的人造卫星发现，在南极洲的冰原下，竟然隐藏着一个城市。专家们介绍说，这个城市位于南极冰原下约1.6千米，直径有16千米长，市内有高楼大厦，而且还有先进的交通工具。

据悉，"冰城"建筑在一个圆拱形的空间内，城市里使用某种类似核能的能源，城内足以容纳2000人居住。

太空专家们称：这些生命代表的文化，已有5万~10万年的历史。那时的人类还处于穴居和茹毛饮血的洪荒时代。

而且美国航空及宇宙航行局的科学家们进一步推测："冰城"内的生命，可能是宇宙中一个已经消失的文化人群的后代。

在南极洲，有这么多神奇的传说困挠着人们，它确实可以称得上是一块神秘的大陆。

67

探秘东非大裂谷

东非大裂谷是世界大陆上最大的断裂带，从卫星照片上看去犹如一道巨大的伤疤。当乘飞机越过浩翰的印度洋，进入东非大陆的赤道上空时，从机窗向下俯视，地面上有一条硕大无朋的"刀痕"呈现在眼前，顿时让人产生一种惊异而神奇的感觉，这就是著名的"东非大裂谷"，也称"东非大峡谷"或"东非大地沟"。

由中东到非洲南部的一道裂缝把地壳撕开，在这条大裂谷里，发掘出现代人已知的最早祖先之头骨化石。

在地址上最长而不间断的一道裂口内，可找到地球的最低点，这道裂口两边分布着世界上一些最高的火山，此外，地球上最大的湖泊也在这里，成为连贯欧洲与东方的水道。这道裂口就是东非大裂谷，其规模之大，宽达100千米，从周围高原到谷底的峭壁，高达450~800米。

由北面的叙利亚到南面的莫桑比克，东非大裂谷穿越20个国家，延绵

6750 千米，差不多是地球圆周的 1/5。这是个实例，看出地球的两片地壳板块（阿拉伯半岛和东非洲在其中一块上，非洲大陆的余下部分在另一块上）在地下分开时，会发生什么情况：沿东非大裂谷轴线的持续地壳运动令湖泊河流变得广阔，使裂谷加深。终有一天海水会涌入，把东非洲与整个非洲大陆分开。

东非大裂谷

东非大裂谷其实并不是谷，因为在整条裂谷中，既有崇山，也有高原，而且在埃塞俄比亚南部更分成2支，要到坦桑尼亚与乌干达边界的维多利亚湖地区才重合起来。不过沿着裂谷的湖海丘壑清楚地把裂谷的走势显示出来。

在1000多万年前，地壳的断裂作用形成了这一巨大的陷落带。板块构造学说认为，这里是陆块分离的地方，即非洲东部正好处于地幔物质上升流动强烈的地带。在上升流作用下，东非地壳抬升形成高原，上升流向两侧相反方向的分散作用使地壳脆弱部分张裂、断陷而成为裂谷带。张裂的平均速度为每年2~4厘米，这一作用至今一直持续不断地进行着，裂谷带仍在不断地向两侧扩展着。由于这里是地壳运动活跃的地带，因而多火山、多地震。

东非大裂谷是纵贯东部非洲的地理奇观，是世界上最大的断层陷落带，有"地球的伤疤"之称。据说由于约3000万年前的地壳板块运动，非洲东部地层断裂而形成。有关地理学家预言，未来非洲大陆将沿裂谷断裂成2个大陆板块。

东非大裂谷起自叙利亚，形成约旦河谷与死海。死海海面比海平面低400米，是各大洲中的最低点。这个深度就如一个巨大的盆地，水流入后是不会流走的，但这个地区气温很高，水分迅速蒸发，任何湖泊之类的大面积水体都会变得很咸。死海的含盐量约为30%，为海水的10倍，游泳者能轻易浮在水面。

距东非大裂谷起始点约 800 千米处，海水侵入，这道口子沿亚喀巴和红海伸延，到埃塞俄比亚宽阔的扇形达纳基勒洼地才转入非洲大陆。咸度与死海相若的盐水曾淹没这片 5000 平方千米的平原，有些部分在海平面 155 米以下。但所有水蒸发后，留下了一层岩盐，有些地方厚达 5 千米。

在沿东非大裂谷形成的湖泊中，坦噶尼喀湖、马拉威湖和维多利亚湖等东非淡水大湖是观察动物进化的理想地方。正如在与世隔绝的澳洲大陆上有多种独有动物一样，这几个湖泊由于四周有干旱荒漠阻隔，湖水里生活着数百种其他地方没有的鱼。

维多利亚湖水深 100 米，是三个湖中最浅的一个，也是形成最晚的，只有约 75 万年历史。此湖形成时，西面的土地隆起，把数条河流的河道截断，结果河道加深加宽，成为小湖。湖中有的鱼，因环境变化而进化成新种。维多利亚湖本身也经历变迁，在泛滥时会把原来与外界隔绝水体中的生物接收过来；在干旱期，湖中生物又会回复与世隔绝的生活。在狭窄、较深而且较古老（超过 200 万年）的马拉威湖和坦噶尼喀湖，新种生物则是因隔绝而适应新环境进化形成的。

形成裂谷的地方都位于地壳的"热点"上，温差与密度的差别令熔岩筑向地壳表面，沿着裂谷的轴线，火山活动都很常见，所以东非有数座大火也不会干涸，所以全年水分不虞缺，足有水草供食草动物食用。反之，生活在塞伦盖蒂平原的 200 万头动物，在干旱季节则要迁徙到有水草的地方。

夹在这两个野生动物天堂间的奥杜瓦伊峡，其实是个峡中之峡，深逾 100 米，长近 15 千米。数百万年前，当时塞伦盖蒂高原的湖泊河流流下来的泥沙堆积在山谷里，而火山活动又在层层沙砾上。非洲大陆的最高峰乞力马扎罗山（位于肯尼亚与坦桑尼亚间的边界）与肯亚山就在裂谷的的轴线上。坦桑尼亚北部的恩戈罗恩戈罗是第三大的火山，其已坍塌的火山口成为非洲最佳野生动物保护区。

西面的塞伦盖蒂平原可容下比恩戈罗恩戈罗多 100 倍的动物，但火山口内有一个天然灌溉系统，铺上熔岩、火山灰和火山渣。最后地形发生变化，一条新河的奔腾流水冲开了一道峡谷，峡壁不但显露出各层天然矿物，也

69

露出了化石和古人的制品。

英国考古及人类学家李基夫妇和其子李察在奥杜瓦伊的发现，加深了对人类进化的认识。1959 年，在可确定为 190 万～170 万年前的岩层间，李基发现了第一个属于一种叫南方古猿的类人生物骨头，头骨几近完整。这种人科动物的脑容量较小，只有现代人的 1/3，但从后脑形状可看出是以两足直立行走的，而不像人猿般以四肢行走。在奥杜瓦伊共发掘出 50 多个人科动物头骨，在北面埃塞俄比亚又找到其他人科动物头骨，而且年代更久远，证明非洲的这一地区是人类的发源地。

神秘的 "430" 千米处

在众多的交通事故中，翻车是恶性程度比较大的一种。它伤亡之大、损失之重，历来使司机们百倍警惕。大凡翻车事故，总有一定的原因。它往往或是山坡陡峭，或是风雪路滑；或是道路崎岖，或是视线狭窄，或是两车相让，或是司机违章。

然而，在我国的兰（州）新（疆）公路的 "430" 千米处，不但翻车事故频繁发生，而且翻车的原因也神秘莫测。一辆好端端正常运行的汽车行驶到这里，有时便像飞机坠入百慕大一样，突然莫名其妙地翻了车。这种车毁人亡的重大恶性事故，每年少则发生十几起，多则二三十起，给国家和人民的生命财产造成了重大的损失。尽管司机们严加提防，但这种事故仍不断发生。

"430" 千米处

难道 "430" 千米处坡陡路滑、崎岖狭窄吗？都不是。"430" 千米处不但道路平坦，而且视线也十分开阔。那么，如此众多的车辆在前后相差不到百米的地方接连翻车，究竟奥妙何在？

起初，有人分析可能是道路设计有问题。为此，交通部门多次改建这段公路，但翻车事故仍不断出现。

后来，也有人根据每次翻车方向都是朝北的现象，推测"430"千米处以北可能有个大磁场。这种说法虽然有一定的道理，但没有科学根据。所以，对司机来讲，"430"千米处成了一个中国的魔鬼三角，被蒙上了一层神秘的色彩。"430"千米处的翻车现象，目前仍是未解之谜。

撒哈拉沙漠的奥秘

世界第一大沙漠——非洲的撒哈拉沙漠以其戈壁无垠、沙丘遍布、黄沙漠漠、植物罕见而著称于世。过去，人们一直认为在几十万年前这里是海底，目前持这种说法的也大有人在。然而，联合国地理和种族研究中心用最现代化仪器进行深层钻探，用电子计算机精密计算后，得出的结论是：撒哈拉远古时代不是海底，而是稠密的热带雨林。虽然有几处曾是沉积的湖底，但绝不是海底。数万年前，一些无人知晓的原因使漫漫黄沙吞没了茂密的森林。

这一新的发现使这个沙石飞舞的荒漠又笼罩上了一层神秘的色彩。越来越多的科学家对撒哈拉产生了浓厚的兴趣。各国的考古学家、地质学家和生物学家纷纷到那里去考察。

一个意大利考察小组于1982年末考察了一个叫瓦基——别尔德尤格的盆地。这里有一条很久很久以前就消逝了的带化石的河床。在褐色化石中，可以清晰地看见保留活动姿态的长颈鹿，

撒哈拉大沙漠

71

还有长着特大犄角的水牛，也有象、犀牛、河马、鳄鱼等动物化石，就是没有骆驼那样的沙漠动物。

考古学家们还在这里发现了一座完整的旧石器时代的人类遗迹，看到了完整的动物写生画和人物素描，象围捕犀牛、人们心中的"原始女神"——显然这是当时人们崇拜的图腾。这个发现证实了过去的猜测，即古埃及文化曾在撒哈拉出现过，或者它的巨大影响曾波及这里，因为不少岩画都富有埃及文化的特征和艺术风格。

接着，前西德的考古学家在考古计算机的帮助下，又得到了不少收益。首先，根据对岩画计算的结果得出，这个博物馆是在漫长的岁月里，在极艰苦的条件下，付出巨大代价而成的。时间是在2万年前。其次，电子计算机惊奇地发现，撒哈拉曾生存过2个人种——黑种人和白种人。因为绘画不仅在着色上有区别，而且在种族特征上、生活习惯上、岩画手法上都有区别。岩画上的黑种人多使用合成武器——弓箭，饲养的都是大牲畜；而白种人都使用斧子，饲养的是山羊和绵羊。

那么，是什么毁掉了那些绿色的文明？至今无人知晓，仅从这些考古新发现上来看，在这片广阔的黄沙的下面，的的确确还蕴藏着一些有待研究的奥秘。

神秘的沙漠"死城"

茫茫沙漠，无边无垠，草木不生，虫鸟不飞。没有生命的水源，没有希望的绿洲，一片死一般的沉寂。可是，就在这大沙漠的包围中，却千真万确地存在着一座座城市。

1862年，法国考古学家梅·戴沃盖穿越叙利亚大沙漠，在沙漠北部首次发现几百座沉睡了1000多年的死城。它们的经历与庞贝虽不相同，但盛衰史却非常离奇，神秘莫测。

这一地区一直被当地居民视为"禁地"。梅·戴沃盖是首批探险家之一。他在那里第一次发现了王塔和宽墙，还有连成一片的成批的殿宇和高高的建筑，看起来蔚为壮观。人们称这片地带为"死城"。6000年以前，这里是叙利亚通往东西方的交通要道，是古代文明的著名发祥地之一。公元2～7世纪，"死城"曾是罗马、拜占庭的一个省份。今日光秃的山丘当年曾是一片青葱翠绿，满山都是葡萄和橄榄树。叙利亚的葡萄酒和橄榄油在安蒂奥什和今日的拉塔基亚港装上船后，经海路运往各地。

公元611年，波斯国王科斯洛埃斯二世攻克安蒂奥什，中断了向西方的出口，沉重地打击了种植园主。到了公元636年遭阿拉伯人入侵，叙利亚和西方之间的海路被截断，商船不敢在地中海航行，国内市场商品滞销，人口大量外流。也许这就是造成这些"死城"的原因。

"死城"还曾经是富饶的农业重镇。镇上的民用楼房都是用规则的白色细石灰岩筑成，街道的路面用块石铺成。这里因为没有河流，居民们便在高原上修筑渠道，蓄水池纵横交错，为的是聚冬季的雨水，使这块不毛之地繁荣昌盛。

从公元200年开始，叙利亚北部随着罗马、拜占庭的繁荣昌盛起来。到公元700年，遭波斯、阿拉伯入侵后逐渐衰落。可是，在茫茫的沙漠里，为什么会有如此富饶的景象呢？"死城"后来为什么又衰亡了呢？虽然有大量的学者对此进行了研究，但至今没得到圆满的解答。空荡荡的城市和凄凉的教堂、别墅已经沉睡了1000多年，它们会醒来吗？会把它们的兴衰历史告诉那些迷惑不解的后人吗？

巨大的陨石哪去了

近1个世纪以来，由陨石引起的不解之谜越来越多。

流星在坠落时，与大气发生摩擦后进行燃烧，没有完全烧毁的那部分流星体坠落到地球上就形成陨石。1891年，在美国亚利桑那州的巴林佳发现了一个直径为1280米，深1米的巨大坑穴。坑穴周围有一圈高出地面40多米的土层，人们对这个大坑迷惑不解，干脆叫它"恶魔之坑"。后来经过学者们考证，这是个"陨石坑"，是距今2.7万年前，一个重达2.2万多吨的陨石以 5.8 万千米/时的速度坠落到地球时冲撞而成的。然而奇怪的是，这个庞然大物除了给人们留下了一个大坑和坑边几块零星的陨石铁片外便没了踪影。有人估计陨石就落在坑下几百米的地方，可因为陨石太大、坑太深而没人能把它挖出来加以证实。

这个陨石坑还称不上是世界之最。据说最大的陨石坑是加拿大的加州陨石坑。"加州坑"直径为3500 米，深度达 400 余米，它是1943 年美国空军飞机在空中发现的。

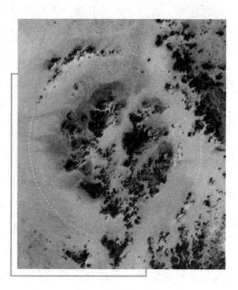

巨大古陨石坑

"加州坑"比美国的"恶魔之坑"大 3 倍。不过，"加州坑"是否是个陨石坑，人们还不大清楚，也有人认为它是一个火山喷口。

陨石坠落事件中，最令人不解的是通古斯大爆炸。一般说来，陨石坠落时，是呼啸着落下，陨石坠落后会撞出一个大坑。如果在夜间，还会有火光把四周照得亮如白昼。1908 年，地处西伯利亚内地的通古斯河流的支流恰贝河上游突然发生了惊天动地的大爆炸。这次爆炸使方圆 2000 千米的树木纷纷倒下，有的还被烧成了木炭。科学家们经过周密调查，认定这次爆炸是因一颗巨大的陨石坠落而造成的。可是，"通古斯陨石"既不是以惯例落下的，也没有留下任何踪迹。时至今日，也没有找到陨石坠落时形成的陨石坑。"通古斯陨石"的真面目至今也无人知晓。

神奇的动物

恐龙灭绝之谜

许多年来，恐龙灭绝的确切原因一直没能搞清楚。但这个秘密至今仍然强烈地吸引着各个领域的科学家，他们从各自不同的角度给出了一个又一个颇具特色的解释，许多解释本身就像恐龙灭绝一样奇特、惊人。恐龙的灭绝过程非常短促，不论是物种争斗，还是外界条件的渐变，都不可能使恐龙如此迅速地从地球上消失。只可能发生了某种全球性的灾变，急剧地改变了生物的生存环境，才导致了恐龙的灭绝。这场突发性的突变是什么呢？科学家们作了种种推测。

（1）白垩纪气候突变说。美国地理学家认为，这个突发性的大灾难是由于北冰洋的泛滥而引起的。在白垩纪时期，北冰洋四周被大陆包围，与其他海洋隔开，这时北冰洋的水是淡的。在6500万年前，北冰洋的淡水突然涌出，通过格陵兰和挪威之间的那条开阔的通道，以排山倒海之势压向其他海洋，冲淡了其他海洋。由于海水含量的降低，气温猛然下降了10℃左右，并且降水量减少了1/2。这突出其来的变化使大量不能适应的动物、植物被毁灭。紧接着，干旱又进一步摧毁了许多植物和动物，其中就包括巨型的爬行动物恐龙。古生物学家们支持这一观点，恐龙身躯巨大而脑量甚少，几吨重的恐龙脑量不足500克，两者比例很不协调。因此，恐龙行动迟钝，很难适应外界的环境变化，一旦寒气袭来，它不能像有些小型爬行动物那样随处可以挖洞穴渡过寒冬，只好挨冻而死。

（2）天外陨星碰撞说。20世纪80年代诞生了一种假说，即大型小行星毁灭地球说。天体物理学家们偏爱从地球外来寻找恐龙灭绝的原因。诺贝尔物理学奖金获得者阿尔瓦雷斯同加利福尼亚大学的一组科学家们在意大利考察6500万年前的沉积岩时发现了异常现象：这种岩石的含铱量几乎30倍于比它年轻或年老的岩石，在丹麦类似年代的岩层里，铱的含量比其他岩层高160倍。迄今为止，地球上已有3000多处记录到了铱的异常，其中有海地、丹麦、意大利、西班牙、中国、新西兰、美国等。事实告诉我们，铱含量异常的确是全球性的，用地球上自发产生的任何过程都无法解释这一现象的起因。阿尔瓦雷斯解释说，当时一块直径14.4千米的巨大陨石与地球相碰，激起了数百米高的尘埃。这些尘埃遮天蔽日，长达数月甚至数年之久，太阳光无法照射到地球表面，造成长期的黑暗和寒冷，导致了大批生物（包括恐龙）的灭绝。

（3）外陨星周期碰撞说。这个学说认为，太阳伴星"妮梅西斯"每隔2600万年接近一次太阳系，凭借其巨大的引力足以使冥王星之外数以亿计的小行星脱离其自身的轨道，以陨石雨的形式冲入太阳系内部。这样使地球大约每隔2600万年就可能受到1个或多个巨大陨星的碰撞。恐龙家族就在700万年以前的一次碰撞中灭绝了。科学家们已经从古生物学、地质学、天文学等领域内找到了支持这个学说的证据。如果真是这样的话，关于生物进化的教科书就必须重新改写，因为这种周期碰撞带来的周期性生物灾难对生物进化来说比其他因素都起着更为重要的作用。地球上这种特殊的环境，正是迅速进化和创造全新生命形式的舞台。

神秘的尼斯湖水怪

尼斯湖水怪，是地球上最神秘也最吸引人的谜之一。

尼斯湖位于英国苏格兰高原北部的大峡谷中，湖长39千米，宽2.4千米。它面积并不大，水却很深，平均深度达 200 米，最深处有 293 米。该湖终年不冻，两岸陡峭，树林茂密，湖北端有河流与北海相通。

传说中的尼斯湖水怪

关于水怪的最早记载可追溯到公元 565 年，当时，爱尔兰传教士圣哥伦伯和他的仆人在湖中游泳，水怪突然向仆人袭来，多亏教士及时相救，仆人才游回岸上，保住性命。在自此以后的 10 多个世纪里，有关水怪出现的消息多达 1 万多件。但当时的人们对此并不相信，认为不过是古代的传说或无稽之谈。

直到 1934 年 4 月，伦敦医生威尔逊途经尼斯湖，正好发现水怪在湖中游动。威尔逊连忙用照相机拍下了水怪的照片，照片虽不十分清晰，但还是明确地显出了水怪的特征：长长的脖子和扁小的头部，看上去完全不像任何一种水生的动物，而很像 7000 多万年前灭绝的巨大爬行动物蛇颈龙。

蛇颈龙是生活在 1 亿多年前到 7000 多万年前的一种巨大的水生爬行动物，也是恐龙的远亲。它有一个细长的脖子、椭圆形的身体和长长的尾巴，嘴里长着利齿，以鱼类为食，是中生代海上的霸王。如果尼斯湖水怪真是蛇的话，那它无疑是极为珍贵的残存下来的史前动物，这一发现也将在动物学上占有重要地位。

因此，这张照片刊出后，很快就引起了举世轰动，伴随着 20 世纪的"恐龙热"，人们开始把水怪与蛇颈龙可能仍然生存着联系起来，对此给予极大关注。1960 年 4 月 23 日，英国航空工程师丁斯德在尼斯湖拍了 50 多英尺（1 英尺 = 0.3048 米）的影片，影片虽较粗糙，但放映时仍可明显地看到黑色长颈的巨型生物游过尼斯湖。有些原来对此持否定态度的科学家，看了影片后改变了看法。皇家空军联合空中侦察情报中心分析了丁斯德的影片，结论是"那东西大概是生物"。

进入 20 世纪 70 年代，科学家们开始借助先进的仪器设备，大举搜索水怪。1972 年 8 月，美国波士顿生物研究院应用一些水下摄影机和声纳仪在尼斯湖中拍下了一些照片，其中一幅显示有一个 2 米长的菱形鳍状肢，附在一个巨大的生物体上。同时，他们利用声呐仪也寻得了巨大物体在湖中移动的情况。

1975 年 6 月，该院再派考察队到尼斯湖，拍下了更多的照片。其中有 2 幅特别令人感兴趣：①一幅显示有一个长着长脖子的巨大身躯，还可以显示该物体的②个粗短的鳍状肢。从照片上看，估计该生物身长 6.5 米，其中头额长 2.7 米，确实像一只蛇颈龙。②另一幅照片拍到了水怪的头部，经过电脑放大，可以看到水怪头上短短的触角和张大的嘴。据此，他们得出的结论是"尼斯湖中确有一种大型的未知水生动物"。

1972 年和 1975 年的发现曾轰动一时，使人感到揭开水怪之谜或者说捕获活的蛇颈龙已迫在眉睫了。此后，英、美联合组织了大型考察队，组织 24 艘考察船排成"一"字长蛇阵，在尼斯湖上拉网式地驶过，企图将水怪一举捕获。但遗憾的是，除了又录下一些声呐资料之外，一无所获。

由于追捕水怪的失败，持否定的观点又流行起来。一位退休的电子工程师在英国《新科学家》杂志上撰文称：尼斯湖水怪并不是动物，而是古代的松树。他说："1 万多年前，尼斯湖附近长着许多松树。冰期结束时，湖水上涨，许多松树沉入湖底。由于水的压力，树干内的树脂飘到表面，而由此产生的气体排不出来。于是这些松树有时就会浮上水面，但在水面上释放出一些气体后又会沉入水底。这在远处的人看来，就像是水怪的头颈和身体。"

但这种观点无法使那些声称亲眼目睹了水怪的人们信服。而且在 20 世纪 70 年代后期，又有人几次拍下了水怪的照片。

那么，为什么人们至今还不能捕获水怪呢？

这要从尼斯湖特殊的地质构造谈起。原来，尼斯湖水中含有大量泥炭，这使湖水非常混浊，水中能见度 1 米左右。而且湖底地形复杂，到处是曲折如迷宫般的深谷沟壑。即使是体形巨大的水生动物也很容易静静地隐藏其间，从而避过电子仪器的侦察。湖中鱼类繁多，水怪不必外出觅食，而该湖又与海相通，水怪出入方便，因此，想要捕获水怪，谈何容易。

但只要没有真正找到水怪，这个谜就没法揭开。直到现在，人们对于水怪是否存在还争论不休，谁也不敢妄下结论。

动物自杀现象

1985年12月22日早晨，在福建省打水吞湾的海面上，一群抹香鲸乘着涨潮的波浪冲向海滩，全部搁浅。渔民们采用种种方法，甚至动用机动帆船驱赶鲸群返回海洋。可是，被拖下海的鲸竟又冲上滩来，直至退潮，12头长达12~15米的抹香鲸全部毙命。

鲸类集体自杀现象在世界上屡见不鲜。1970年1月11日，在美国佛罗里达州附近，有数百头鲸冲上沙滩一起死去。同年3月18日，在新西兰的奥塞塔，也发生了一次鲸集体自杀事件。据英国大英博物馆所作的鲸类自杀记录来看，自1913年以来，仅有案可查的鲸类搁浅自杀总数就达1万头。

抹香鲸集体自杀

79

除了鲸外，乌贼有时也有集体自杀的行为。1976年10月在美国的科得角港海滩，成千上万的乌贼忽然登岸集体自杀。同时，这一事件又沿着大西洋沿岸向北蔓延，11月，在加拿大的拉布拉多半岛和纽芬兰岛，都出现了数以万计的乌贼登陆自杀的怪事。这场巨祸一直延续了2个多月，直至12月中旬才停止。

究竟是什么原因迫使这些海洋动物"自寻短见"呢？海洋生物学家怀疑这些动物患了某种传染病，由于不堪疾病折磨而自杀，但化验证明它们什么病也没有。有人还把登陆寻死而未死成的乌贼拾回家去，养在玻璃缸里，它们还能健康地活下去。因此，这种推测是站不住脚的。

还有些海洋生物学家认为，海洋中的次声波是杀死这些海洋动物的"秘密武器"。可是，次声波到底是通过什么途径对这些海洋动物肆虐的呢？在大西洋那么长的海岸线上，次声波怎么会持续那么长的时间呢？对这些问题，现在谁也说不清楚。

神奇的动物复活现象

在 19 世纪的法国，有个工人从 100 多万年前形成的石灰层中的一块石头里劈出 4 只蛤蟆，令人惊奇的是，它们居然还能活动。在北美洲墨西哥的一个石油矿中，一只沉睡了 200 万年的青蛙被人们挖出来后，也复活了两天。

科学家在实验中也观察到许多生物复活的现象。1917 年，一位科学家做了这样一个实验：把蚯蚓放在装有吸水剂的玻璃罩里，蚯蚓便逐渐失去水分，皮肤皱得很厉害，体重减轻 3/4，体积缩小 1/2，没有任何生命表现。然而，当把这条干瘪的蚯蚓放到潮湿的滤纸上时，它的皮肤就渐渐膨胀起来。

复活的蟾蜍

过了一段时间，这条死蚯蚓便复活了。以后，其他一些科学家又用乌龟、蛇等动物做同样的干燥实验，都发现了同样的复活现象。但是，也有科学家认为，那些用来做实验的动物并没有真正死亡，只是干燥到了一定的程度，因而遇水后就会活动起来，这不能说是死而复活。

当干燥动物的复活之谜引起激烈争论时，另一个领域——低温状态下的复活之谜，又引起了人们的论战。1938年，一位美国科学家做了这样一个实验，把金鱼从水中取出，等它表面稍微干燥之后，就把它放在温度达－200℃的液态空气中，金鱼立即被冻僵了。经过10~15秒钟后。再把金鱼放回温水中，它又游起来了。另一些科学家认为，冰冻动物的复活，在本质上与干燥动物的复活一样，也不能说是死而复活。

现在，人们发现的复活现象越来越多，但是复活之谜仍未解开。尽管如此，关于复活现象的研究，还是带来一个诱人的希望：是不是可以利用干燥或冷冻的办法，使动物乃至人在一段时间内停止生命活动。然后再复活，以达到延长生命的目的呢？

现在，这一设想已经变为现实。科学家曾经对患有肿瘤的病人进行全身冷却，使他进入"人工睡眠"状态。5天后将他放在温暖的地方，使他清醒过来。经过几次这样的人工睡眠之后，病情有了明显好转。

这项试验的成功，无疑使人看到了延续生命的希望之光。

奇怪的"禁圈"

在我国东北的大兴安岭林海深处，生活着一种既像紫貂、又似黑熊的动物，这就是貂熊。它有一种异乎寻常的本领，每当饥饿时，它就会用自己的尿在地上撒一个大圈，凡是被圈入圈中的小动物如中魔法，都不敢越出圈外，只能待在圈内一动不动，乖乖地等待貂熊来捕食。更为奇怪的是，圈外的豺狼豹等野兽，也不敢擅自闯入圈内。因此这个禁圈就具有了捕食与自卫的双重功能。然而，貂熊的尿液中究竟含有什么成分？为何具有如此的魔力？至今还是个谜。

科学家们发现，从脊椎动物的鱼、鸟到种类繁多的哺乳动物，甚至某些无脊椎动物都有画圈本领。雄性棘鱼平时是成群生活的；但到春天棘鱼繁殖时期，它们的性格就会发生重大变化。一条雄棘鱼会撵走附近的其他雄棘鱼，圈占周围场所，并在其中筑巢。若其他雄棘鱼游近，对圈占界线监视甚严的这条鱼便立刻竖起背脊上的棘，迎上去决斗，以捍卫自己的"领土"。格斗在圈占的边界附近进行，"圈主"很少游过边界进行追击，不过并不是所有棘鱼都不能进入圈内，画圈的雄棘鱼只攻击外来的雄鱼，而对外来的雌鱼却格外欢迎。真是典型的"同性相斥，异性相吸"！

貂 熊

还有人曾目击过这样一件事情，一条 1 米多长的麻蛇顺葡萄藤滑行而来，这时一只黄鼠狼突然窜出，绕蛇一圈，然后退去。蛇立即停止滑行，待在原地吐舌头。几分钟后，5 只黄鼠狼相继窜来，各叼一段蛇肉扬长而去。

田螺也有这种"特异功能"。曾有人报道，水田中一只田螺绕螃蟹画了一个圈，这只螃蟹便待着不动了。几天后螃蟹腐烂，成了田螺的美食。

神 秘 的 动 物 语 言

人类有语言，这是人类与动物的重大区别之一。随着人类社会的形成与发展，由于集体劳动和生活的需要，彼此之间要交流思想，于是语言就诞生了。语言的使用，促进了人类的思维，使得大脑更加发达。语言的使用，也促进了劳动经验的交流和积累，从而加速了生产力的发展。

动物有语言吗？在动物界中，的确有"语言"存在，这是一门非常引人入胜的学问。有些科学家毕生都在和动物交流，记录、分析动物的"语言"，从中了解这些"语言"的含义，了解动物是怎样交换感情和信息的。他们的工作已经获得了很大的成绩。

简单沟通的工具

和人类的语言相比较，动物的"语言"要简单得多。在同种动物之中，它们使用"语言"来寻求配偶，报告敌情，也可以用来表示友好、愤怒等感情。春天，是猫的发情期，一到晚上，猫就会出去寻找配偶，人们常可以听见猫拖长了声调的叫声，这是在吸引异性。狒狒是一种低等灵长目动物。根据科学家的分析，狒狒的语言已经很复杂，它由声音和动作两个部分组成。在动作上，狒狒可以有十几种眼神，它的眼、耳、口、头、眉毛、尾巴都可以动作，表示出友好、愤怒等感情。如此丰富的声音和动作，就组成了狒狒复杂的"语言"系统。蜜蜂之间的"交谈"，是通过舞蹈振动翅膀的声音来表达的。振翅声的长短，表示蜂巢到蜜源距离的远近，振翅声的强弱则表示花蜜质量的好坏。这样，蜜蜂就能通过"舞蹈语言"和"振翅语言"把蜜源的方向、距离、蜜量多少等信息通报给伙伴。

动物语言中的方言

在人类的语言中，有着方言，一个北方人来到南方，或者一个南方人去到北方，一时听不懂那里的方言。在动物中，同样也存在着类似的情况。美国宾夕法尼亚大学的佛林格斯教授研究了乌鸦的语言，而且将它们的语言用录音机录制下来。当成群的乌鸦从天上飞过时，佛林格斯教授在地上播放先前寻制的乌鸦的"集合令"，这时乌鸦群就乖乖地降落在地上。当他将乌鸦的"集合令"录音带带到另一个国家去播放时，就不灵了。他发现，居住的国家和地区的不同，乌鸦的语言也不一样，法国的乌鸦对美国乌鸦的"讲话录音"就是一窍不通，甚至于对它们的报警信号也毫无反应。

动物语言的用途

科学家利用鸟的"语言"来驱赶鸟类。在飞机场的附近，大量鸟的存在是很危险的，万一它们和正在起飞或降落的飞机相撞，会造成不堪设想的后果。机场人员设法录下了鸟群的报警信号，并且在扩音器中不断播放，使得鸟群惊恐万分，远走高飞。科学家也正在利用鱼的"语言"来捕鱼。凭借高水平的声呐仪来探测鱼群的位置，指导渔船下网，还可以人工模拟能吸引鱼的声音，如小鱼在活动时的声音，用来引诱鱼群靠近。人类在寻找宇宙中的生命时，也考虑过和天外生命"对话"的问题。但用什么语言和他们交谈呢？有科学家建议使用"海豚语"，理由是海豚的智力相当发达，它也希望和人类进行交流。如果科学家的假设能实现，那将是一次很有意义的尝试。

扑朔迷离的海豹木乃伊

冰天雪地的南极大陆是海豹的天堂。5000万头以上的海豹在那里繁衍生息，构成一道有趣的奇观。但更令人惊奇的是科学家们在一个深谷里发现的海豹木乃伊。这个深谷离海岸近60千米，与大海并不相连。这些海豹是怎样到那里去的呢？有人

南极海豹

认为在远古时候，这一地区是与大海相通的。后来陆地隆起，才将海水隔断，形成山谷。那些来不及逃走的海豹就被困在谷中，饿死后风干成为木乃伊。于是又有人提出，这些海豹是因为迷路，误入谷中找不到来路，才困死在谷中。还有人认为这些海豹是被海啸冲到谷中的。因为幼年海豹身体轻、力气小，所以被海啸冲得最远，无法返回家园，只好坐以待毙。众说纷纭，海豹木乃伊之谜还有待人们的进一步探索。

海龟"自埋"现象

在美国佛罗里达州东海岸的加纳维拉尔海峡，曾有人在淤泥里发现了一个"海龟壳"。可后来发现，那根本不是什么海龟壳，而是个活生生的大海龟，这让许多潜水员感到奇怪。此前，他们还从来没有听说过这样的事

情呢！海洋生物学家们马上就提出了自己的见解。①第一种解释：这可能是海龟"冬眠"的一种方式，因为海底的动物和许多陆地动物一样，也有这种长时间睡眠的方式，比如海参就有"夏眠"的习惯。②第二种解释：这是一些海龟清除身上的藤壶（一种海生软体动物）而采取的方式。在淤泥里的长时间的"浸泡"，会让这些讨厌的寄生虫窒息。③第三种解释：这是海龟在冰冷的海水里取暖的一种方式。可是这些猜测很快就都被不久后的各种发现给否定了。此后生物学家们又做了各种各样的假设，却都难以自圆其说。那么究竟为什么海龟要把自己藏起来呢？相信终有一天人们会揭开这个谜团的。

游泳的大海龟

85

海上蛇怪

自古以来，在茫茫无际的海洋中就流传有神出鬼没的蛇怪，目击蛇怪的事件也屡见不鲜。1934年盛夏的一天，日本一艘采珠船在澳大利亚沿海作业。船长潜到水下采珠。过了一段时间，当船上接到要求上浮的信号后，船员立即拉上绳索，可拉上来的只是船长的潜水帽和安全带。船长却下落不明。到底是什么东西把他拖走了呢？由于在这一带有许多人曾目击过外形酷似蛇的怪物，所以人们认为船长有可能是被蛇怪拖走了。

有幸从海底蛇怪魔爪中逃生的澳大利亚潜水员琼斯叙述了一次可怕的经历。一年夏天，他潜入海底，顺着礁石游动。这时，一条4米多长的鲨鱼朝他游来。这位经验丰富的潜水员面对险情沉着地悄悄下潜。不巧的是，他的身下恰恰是深不可测的大海沟。琼斯担心再往下会因压力太大而丧命，于是便靠在海沟边上，静观鲨鱼的行动。突然，他感到海水温度急剧下降。他忙低头扫视了一眼海沟，一下子惊呆了：只见一个灰黑色的物体从黑暗的海底深处向上浮来。借助潜水灯的光柱，他发现那是一个从未见过的蛇怪。这家伙很大，头呈扇形木板状，看不见它身体的其他器官。蛇怪缓缓上浮，似乎它的整个身体都在轻轻地抖动，没有发生任何声响。这时，琼斯觉得异常寒冷，可他又不敢移动。他抬头看见那条鲨鱼不知何故也停止不动了，仿佛被这蛇怪吓呆了似的。不一会儿，灰黑色的蛇怪靠近了鲨

海上怪蛇

鱼，似乎只在鲨鱼身上轻轻地碰了一下。鲨鱼便立即抽搐不止，随即，便被那蛇怪吞食了，一点痕迹也没留下。尔后，蛇怪又抖动着身躯渐渐沉入海底，海水温度也随着蛇怪的逐渐下沉恢复了正常。

海上蛇怪是否存在？是人们的幻觉，还是一种未知的动物？必须承认的是，我们对我们赖以生存的地球的认识还十分贫乏。

鹦鹉"学舌"的秘密

鹦鹉学舌是尽人皆知的，而且人们普遍认为鹦鹉只会说一些被训练的简单的话，是一种机械的模仿行为。事实上，鹦鹉说话并不是纯粹的生搬硬套，也不是传统意义的"人云亦云"。在教鹦鹉学单词时，选择能引起它兴趣的东西，如闪闪发光的钥匙，它喜欢啄的木片、软木等，这样可以提高它的学习兴趣。这种方法改变了传统的学一次，便喂一点食物的实物奖

励方法，改"被动学习"为"主动学习"。鹦鹉在认识了一些物品后，无论怎样改变其形状，它都能认出来，而且还会使用"触类旁通"的方法。认识某种颜色后，它会说出从未见过的某东西的颜色。鹦鹉学了不少词汇后，便能够把一些词组合起来，用来描述从未见到的东西。这说明它已经具有了初步的分类概念和词语组合能力。鹦鹉没有发达的大脑来思维，但它能说一些未被教过的东西，难道它真的懂得所说"话"的含义，能运用人类语言来表达自己的意愿吗？这有待于进一步的科学论证。

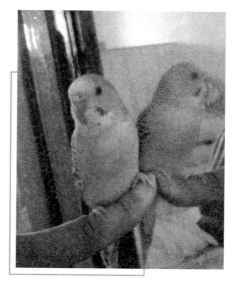

学舌的鹦鹉

87

蝴蝶的神秘迁飞

蝴蝶是鳞翅目中锤角亚目（又称蝶亚目）昆虫的统称，是昆虫中最美丽的类群，全世界约有 1.4 万种，以美洲最多，中国约有 1300 多种。蝴蝶能作长途迁飞，甚至能成群结队越洋过海。据文献记载，最早发现蝴蝶漂洋过海的是航海家哥伦布。他在环球旅行的途中，发现成千上万只蝴蝶从欧洲飞往美洲。据统计，全世界曾有 200 多种蝴蝶发生过上千次迁移飞翔。

蝴蝶迁飞之因

有的昆虫学家认为，昆虫迁飞是为了逃避不良的环境条件，是物种生存的一种本能行为。它与遗传和环境条件有关。他们认为，迁飞是昆虫对当时不良环境条件的直接反应，如食物缺乏、天气干旱、繁殖过剩、过分拥挤等等。如大菜粉蝶在成虫羽化的时候，如果它寄生的植物不能为它提供较佳的食物来源，它就会迁飞，去寻找合口的美味。相反，如果它寄生的植物已能满足它的需要，它就不迁飞了。另外，某些环境条件的变化，影响到昆虫的个体发育，致

神秘飞迁的蝴蝶

使昆虫发育成为一种迁飞型的成虫。他们发现，光照周期、温度、种群密度、食物条件的不同，都会使成虫在生理和飞行能力上产生明显的分化。这就使得迁飞型蝴蝶获得了生理条件上的可能性。

蝴蝶的"喷气发动机"

弱不禁风的小小蝴蝶，为什么有飞越重山峻岭，漂洋过海，航程3000～4000千米的巨大能量？这股能量是从哪里来的？因为仅从动力学角度来看，蝴蝶是飞不了那么远的。前苏联科学家认为，蝴蝶迁飞时使用了先进而节能的"喷气发动机原理"。他们使用高速摄影机摄下墨星黄粉蝶飞行的情况，惊奇地发现，这种粉蝶在飞行中竟有1/3的时间翅膀是贴合在一起的。它们巧妙地利用自己翅膀的张合，使前面一对翅膀形成一个空气收集器，后面一对翅膀形成一个漏头状的喷气通道。蝴蝶在每次扇动翅膀时，喷气通道的大小、进气口与出气口的形状和长度，以及收缩程度，都有序地变化着。两翅间的空气由于翅膀连续不断地扇动而被从前向后挤压出去，形成一股喷气气流。一部分喷气气流的能量用以维持飞行的高度，另一部分喷气气流所产生的水平推力则用来加速。蝴蝶就是利用这种"喷气发动机原理"漂洋过海的。

蝴蝶的定向导航

蝴蝶在蓝蓝的天空中，是靠什么来定向导航，克服种种恶劣天气，奔

向目的地的呢？近年来，昆虫学家贝克专门研究了昆虫导航问题。他发现，远距离（2000千米以上）迁飞的蝴蝶（如斑蝶），能根据太阳方位角的日变化来调整航向。换句话说，它的飞行方向，并不总是和太阳方位角保持恒定，而是随着太阳方位角的变化而变化。这种变化是通过体内的生物钟来调节的。假如上午9点~10点，它是向着太阳飞行的话，到了下午3点~4点，它就要背着太阳飞行了，但始终保持飞行路径接近一条直线，以便用最短的航程到达目的地。他的研究证明了蝴蝶是靠太阳导航的。

千年万载不死的动物

世间万物，无奇不有，1990年初，埃及考古学家马苏博士在与同事们开掘一座4000年前古墓时，发现守在墓旁边的一只早已绝种的猫科动物。

这座4000年前的古埃及法老切路勃泽四世的坟墓，是在著名的帝王谷地下8米深处找到的。打开了幕穴石门，当马苏博士等人提着灯笼走进去时，见到一只活生生、两只黄绿色大眼睛滴溜溜转的猫，正盯着来人。墓穴里除了一具石头棺材和这只准备猛扑过来的大灰猫以外，什么都没有。这只大灰猫像一只小豹那么大。当考古学者们向前移动时，这只猫拱起背嘶嘶乱叫，令人毛骨悚然，接着它抖动浑身的灰尘向马苏博士猛扑过去，用尖牙猛咬住他的大腿。受惊的其他考古队员，听到马苏的尖叫声后，立即上前打退了这只猫，但被激怒的猫旋即退到坟墓的角落，准备用它的尖牙再次阻止这些不速之客。但就在它欲发起第二次袭击之前，人们用帆布将它捉起来送进实验室。在古埃及的习俗中，猫科动物被古埃及人视作活神，专门用

法老墓里的猫

来守卫神圣的寺院和坟墓。被捉的是一只雌猫，脸庞很瘦，轮廓明显，耳朵很长。但一进入实验室，该猫的健康急剧恶化，几小时后就死了。马苏博士计划对这只猫的尸体作进一步的研究。

1782年4月，巴黎近郊的采石工人从地下4.5米深处的石灰岩层中开采出一块巨大的石头。他们将石头劈开以后，意外地发现石头内藏有4只活的蟾蜍。这4只蟾蜍并非聚在一起，各有各的窝。窝比蟾蜍稍大一些，窝的表面还有一层松软的黄土。蟾蜍从石头内出来后，还能在地上活动。一位生物学家取了其中一只较肥大的做了标本。石灰岩层经科学家测定，证实其形成于100万年前。就是说，这4只蟾蜍在岩石内已生存了100万年之久。

自从上述发现后，又经过164个年头，即1946年7月，在墨西哥的石油矿床里，一位石油地质学家挖掘出一只冬眠的青蛙。青蛙被埋在2米深的矿层内，挖掘出来时皮肤还是柔软的，且富有光泽，经过两天后才死去。经科学测定，证实这个矿床是在200万年前形成的。青蛙只能在矿床形成时被埋在矿层内。由此可见，该青蛙在矿层内已生存了200万年之久。

动物认亲之谜

在动物世界中存在着各种各样的关系，这些关系远比人们想象的要复杂得多。科学家研究发现，在同一种动物中，血缘关系对动物行为的影响起着重要的作用。一般来说，同一血缘的个体，相互之间都能和睦相处，互助互爱。那么，动物是怎样识别亲属的呢？

气味是身份证

鸟类、蝙蝠等是靠声音来辨别亲属的。科学家通过实验证明，有些动物通过气味来分辨亲缘关系。蜜蜂是靠气味识别自己亲属的。蜂群里有专门的所谓"看门蜂"，由它控制进入蜂巢的蜜蜂。在一起出生的蜜蜂（一般都是同胞兄弟）可以通行无阻，而其他地方出生的蜜蜂则难以入巢。"看门蜂"的任务，就是对进巢的蜜蜂进行审查，它以自己的气味为标准，相同的放行，不同的拒之门外。蚂蚁也是以气味识别本族成员的。蚁后给每只工蚁留下气味，有了这蚁后亲自签发的"身份证"，才能自由出入蚁穴，否则要被咬死。鱼类身上有识别外激素。鱼当了父母亲

靠声波认亲的蝙蝠

之后，体表常常会释放出一种被称之为"照料外激素"的化学物质，幼鱼嗅到后，便自动保持在一定的水域里生活，以利于亲鱼的照料和保护。

鸣声辨亲疏

在美国西南地区的一些岩洞里，栖息着7000万只无尾蝙蝠。它们的居住地如此拥挤，以致长期以来生物学家们推测，母蝙蝠喂奶时，不可能只喂自己的亲生子女，而是盲目地喂首先飞到自己身边的小蝙蝠。为了弄清这个问题，美国生物学家麦克拉肯和他的助手作了实验。他们从洞里密密麻麻、正在喂奶的800万对蝙蝠中抓走167对，随后对每对蝙蝠的血液进行基因测定。结果发现，约有81%的母蝙蝠喂的正是自己的子女。麦克拉肯带着照明设备在山洞里又进行仔细的观察，他发现，母蝙蝠在喂奶前，先要发出呼唤的叫声，再根据小蝙蝠的回答来判断是否自己子女，还要进一步用鼻子嗅嗅，在确认是自己的子女后才喂奶。

长尾叶猴的生存适应

长尾叶猴是一种温和的群居动物，群内成员能很好合作，很少发生争斗。一般由1～3只成年雄猴为头领，带领25～30只猴子。但如果有一只年轻的雄猴登上首领宝座，它会杀死老猴王留下的所有幼猴。有些科学家认为，新猴王杀死未断奶的幼猴，是为了更快地得到自己的子孙。因为哺乳

动物在授乳期一般不繁殖，杀死幼猴可促使母猴及早进入繁殖期，从而早日生育新首领的子女。因此，这种杀婴行为对于整个种群可能是一种生殖上的进步。这种观点叫"生殖优势"假说。社会生物学家认为，"同缘相亲"是动物的一种本能，是一种生存适应。动物终究是动物，它的生存有一个目标，那就是传播自己的基因。如果崖燕不能认亲，就可能把辛辛苦苦找来的食物给别的幼鸟吃，而让自己的孩子饿肚子。新猴王要咬死老猴王的后代，因为这小猴不会有新猴王的基因。

动物的特异功能

各种动物的 5 种感官依动物生活方式的不同而发生了变化，有的感官退化了，而有的感官则进化成特异功能。例如，鸟类的五官，以视觉的发展最为突出。在天空高飞的鸟，竟然能发现地面上爬行的蜥蜴或甲虫。鸟类的视力比人类要锐利 8 倍左右。动物的嗅觉和听觉都十分敏锐，有着异于人类的惊人之处。

灵敏的嗅觉

狗的嗅觉器官非常复杂，与人的嗅觉相比，狗的嗅觉器官好比一支交响乐队，而人类的嗅觉器官可能只是这个交响乐队中的一种乐器。一只德国狼狗有 2.2 亿个嗅觉细胞，人类只有 500 万个。实验证明，德国狼狗侦察气味的能力高出人类 100 万倍。经常在空中生活的生物，无法将气味留在地面上形成踪迹，但是到了求偶季节，蝴蝶可以单凭气味吸引几英里外的伴侣。

嗅觉特异的牧羊犬

雌蝴蝶身上的全部香液加起来也不过才 1/1000 毫克，而它只要喷出其中的一部分散发在空气中，14 千米外的雄蝶就能嗅到香味。可见，蝴蝶的嗅觉能力还是相当灵敏的。

有趣的听觉

蝙蝠的回声定位系统出神入化。蝙蝠凭着这个系统可以准确地测出行途中的食物和障碍物的位置。蝙蝠并非像人们想象的那样全盲，大多数蝙蝠可以在微弱的光线中看到物体，而在全黑的地方就要靠高频率的尖叫了。蝙蝠的尖叫声，有些人类能听到，有些则听不到。凭着尖叫声的回音，蝙蝠们就能测出前方障碍物的准确位置。利用这套回声定位系统，蝙蝠们可以成群出动，飞来飞去却互不相撞。即使是成千上万只蝙蝠一起飞出岩洞，它们也可以凭着自己的回声避开障碍，向前飞行，既不会撞上障碍，也不会被其他同类的声音干扰。

奇特的视觉

蜜蜂对人类看不到的紫外线很敏感。即使太阳被云遮挡着，它们也可以凭借对紫外线的感觉判断出太阳的位置。这对它们选择飞行方向极有帮助。另一方面，蜜蜂对光谱中的某些光线感觉却很迟钝，它们常常会把红色当作黑色。1952 年，美国加州大学的神经系统专家布乐克教授经过细心的观察和别出心裁的实验，发现了动物世界的又一奥秘——响尾蛇有"第三只眼睛"。布乐克教授用胶布贴住响尾蛇的双眼后，发现它仍能极其准确地找到它所要捕获的地鼠。在其鼻孔和眼之间的颊窝里，布乐克教授发现了一些热敏细胞，这些细胞，使响尾蛇不仅可以掩着双眼或在黑夜里找到它要猎捕的温血动物，甚至可以根据动物身体所发出的热量，获知面前动物的大小和形状。

隐秘难寻的大象坟场

大象是一种极有灵性的动物。传说大象能够预知自己的死期，当老象知道大限将至时，就会偷偷离开象群，独自隐藏到密林幽谷中的大象坟场，在那里等待死亡的来临。数百年来，只要有大象活动的地方就有类似的传说存在。的确，虽然大象身躯庞大，但从没有人见过野象的尸体，它们都到哪儿去了呢？据非洲肯尼亚的一位酋长说，他有一次

预知到死亡到来的大象

因打猎迷了路，无意中走到一个白骨累累的岩洞里。从骨架的大小和形状看来，应该是大象留下的。他还亲眼看见一只大象摇摇晃晃走进来，倒在地上死去。两位前苏联探险家按照他指点的方向前去寻找，也看见一个堆满动物尸骨的山谷。

大象坟场究竟存不存在呢？有人认为这只是某些偷猎者编出来的谎言，以此掩盖捕猎大象的罪行。20世纪20年代就曾发生过这样的惨剧：一群大象遭到欧洲探险者们的重重围猎，又不巧正遇上森林大火，整个象群无一幸免。探险者因此得到了大批象牙，为掩人耳目，他们就捏造了发现大象坟场的故事。有些动物学家曾经目击到大象的葬礼。象群在死去的同伴周围围成一圈进行哀悼，然后用长牙挖出深坑，用鼻子卷起石头将尸体掩埋起来。但被埋葬的都是母象或幼象，长着珍贵象牙的老公象的尸体从来就没被发现过。有人认为它们临死前都到了沼泽地里，所以人们无法发现它们的尸体。但是，大象又是怎么知道自己死期的呢？

动物用臭御敌的奇招

动物御敌招术很多，有些种类因具有分泌臭气的腺体而以"臭"闻名，它们以特殊而精湛的"臭技"御敌自卫。

种类繁多的昆虫中，绰号"花大姐"的瓢虫和"臭娘娘"的椿象，都是臭字号角色。瓢虫在大敌当前的危险时刻，会从3对前足关节处的臭腺内分泌出臭味难闻的黄色挥发性液体，使"敌人"闻臭而退。椿象则在身体腹面有臭腺开口，能散发出令人恶心的臭气，其臭既可御敌，又能在刚孵化出来的幼虫周围筑成"臭护圈"，御敌圈外，保护了"子女"。

翱翔蓝天的鸟类中，戴胜和麝雉也与"臭"有缘，并分别获得了"臭姑鸪"和"臭安娜"的贬称。戴胜是农林益鸟，在孵卵期间，雌鸟的尾脂腺能分泌出一种特臭的黑棕色液体，使巢内臭气熏天。因此，凡它住过的巢穴，其他鸟类谁也不愿光顾，从而保护自己的巢穴和雏鸟。麝雉产于南美洲，幼

靠臭御敌的臭鼬

时不能飞翔而靠长在翅顶的尖爪抓枝攀高。它浑身透黑，相貌丑陋，臭腺发达，身上终年散发出浓烈的臭味，使敌害闻臭而遁，退避三舍。

臭，对于动物中的"臭类"具有御敌之奇效，而且还有标明"个体领域"，使两性相会交配之功效。臭是动物在漫长的进化历程中形成的一种特殊的御敌武器，也是"臭类们"在生存斗争中求得生存的基本保证。

会用"梳子"梳毛发的梳趾鼠

人们爱整洁爱美，总要用梳子梳理头发。这似乎只是人类特有的爱美的习性。那么，除了人类以外是否有别的动物也有这种习惯呢？其实，在非洲就有一类这样的动物也很爱美，也会用梳子梳理它的毛发。但它的梳子很特别，是由它的后脚内侧的二个脚趾上长的硬毛形成的。这种动物属于哺乳动物的啮齿目。因它经常用它的梳状的脚趾梳理它的毛发，人们称

它为梳趾鼠。

梳趾鼠类是啮齿动物中的一个很小的支系，被称为梳趾鼠超科。现生的梳趾鼠类只有 4 个属。它们都只生活在北非和东非的沙漠和半沙漠地带的岩石地区或多砾的山地。它们的个体大小如小型松鼠。小者身长只有 14 厘米，最大者可达 24 厘米。尾巴很短，长度在 2.1～6 厘米之间，体重在 160～350 克之间。眼睛很大，视力很发达。听力也很好。而且在耳朵边缘有鬃毛，能防止风刮起的沙石进入外耳道。它们的咬肌很发达，有很大的眶下孔。它们的牙齿齿冠很高，终生生长，牙齿嚼面很简单，只有2～3条脊。它们的身上披着丝样的长毛发。毛发很厚，很柔软，没有较直的硬毛。这种毛发可以防寒，防热风。但当遇到雨天或空气潮湿时，软的长毛往往黏合成一束一束的，不易松散开，使皮肤裸露在外表。而它们的皮肤很薄，容易弄破。

会用梳子的梳趾鼠

为了保护皮肤，就需要小心地维护它们的毛发。这时就需要用它们的梳趾梳理毛发，达到蓬松"好看"为止。它们有很强壮的爪和脚垫，善于攀爬岩壁。当敌人来时，它们可以直接爬过陡峭的岩壁，逃到隐蔽处躲藏。它们的头较扁平，身体很柔软。为了逃避敌人，可以在窄的岩缝中移动，或躲在很狭窄的岩石裂缝中不动。它们自己不筑巢穴或挖洞，而是以原有的岩洞或岩石形成的隐蔽处为居住地。

它们昼行夜宿。夜晚，在黑暗的岩洞中主要靠触须的感觉，因此它们的触须长而强壮。白天常在洞外活动。它们喜欢温暖，不喜欢寒冷和潮湿。当天气冷或刮大风或潮湿时，它们很少活动，不敢外出。但当天热和有太阳时，它们就离开它们的巢穴出去晒太阳或寻食。在太阳升起后的 5 个小时内和在太阳落山前的 2～4 小时期间是它们最活跃的时候。在最热的中午它们减少活动。也就是说在气温是在 25～30℃时它们最活跃。但在气温超过35℃或低于 10℃时它们很少活动。但它们在气温达 40℃的太阳下仍能生存。当气温在 20℃左右时，它们喜欢躺在平坦的岩石上晒太阳，并长时间地修理毛发。特别有趣的是，它们梳理后肢上的毛发时，是用 3 条腿站着，而用不支持重量的第四条腿绕过背部去梳理另外一边的毛发。此外在沙中洗澡也是梳趾鼠类维护它们的毛发的重要方法。梳趾鼠类是群居动物，以植物的叶、茎、花和种子为食，而且能从所食的食物中得到所需的水分，不需要特别饮水解渴。

聪明的海豚

海豚真的很聪明吗？经过解剖，科学家发现：海豚的脑部十分发达，简直不逊于另一类被人们公认为聪明的动物——灵长类动物。海豚的脑又大又重，比人脑的质量还大些。如果按照脑子质量与身体质量的比例来算，人脑占体重的比例最大，为 2.1%；海豚为 1.7%；黑猩猩只有 0.7%。可见海豚脑部与体重的比值大大超过猩猩、猴子等灵长类动物。此外，海豚的大脑半球上所形成的沟回又多又深，有点像核桃仁。研究表明，大西洋瓶鼻海豚的大脑沟回甚至比人类的还多，而且它脑部神经细胞的密度与

聪明的海豚

人类及其他灵长类几乎无差别，加上大脑皮层面积大于人类及其他灵长类，所以这意味着海豚的脑神经细胞数目多过人类及其他灵长类的。大脑沟回的数目与深度，直接影响着脑部的记忆容量或信息处理能力。所以解剖学的证据表明海豚拥有发达的脑部。

海豚的睡眠之谜

任何动物在睡眠时总有一定的姿势，这时身体的肌肉是完全松弛的。可海豚却从未出现过肌肉完全松弛的状况。难道海豚不睡觉吗？海豚的睡眠之谜，引起了研究催眠生理作用的生物学家的浓厚兴趣。他们将微电极插入海豚的大脑，记录脑电波的变化，还测定了头部个别肌肉、眼睛和心脏的活动情况，以及呼吸的频率。结果表明，海豚在睡眠时，呼吸活动依然如故。与其他动物不同的是，海豚在睡眠时依然游动，并有意识地不断变换着游动的姿势。进一步的研究证明，睡眠中的海豚，其大脑两半球处于不同状态：一个半球处于睡眠状态时，另一个却在觉醒中；每隔十几分钟，它们的活动状态变换一次，很有节奏。正是海豚大脑两半球睡眠和觉醒交替，维持着正常呼吸的进行。海豚是在有意识的状态下睡眠的。

游泳健将

海豚是海洋里的游泳健将，它游时最高速度可达 40～50 千米/时。所以它能毫不费力地将其他海洋动物以及普通轮船抛在身后，自己在水中一往无前。海豚的身体呈流线型，这是一种降低阻力的身体。但游泳时，身体表面与水流仍会产生摩擦。当阻力增大时，普通船只靠螺旋桨等推动力的帮助以克服水流的阻力。而海豚又是怎样消除这种阻力的呢？原来，海豚的皮肤大有文章。它极富弹性的皮肤表面分为表皮和真皮两层。在真皮上，生有许多小管状的海绵状物质。海豚游泳时，整个皮肤能够随着水流做起伏运动，这样能够消除高速运动时产生的涡流，从而使阻力大大下降。所以海豚无需花费多大力气就可以游得很快。

海豚的"声呐"探测力

声呐是一种在水下利用回声来定位、测量距离和探测目标的设备。人们是在 20 世纪 40 年代发现海豚的"声呐"的。科学家通过一系列实验证明，海豚"声呐"的探测能力很强。它能够在几米以内发现 0.2 毫米粗细的金属丝、1 毫米粗细的尼龙绳或 10 毫米长的小鱼。而且海豚的"声呐"能识别目标的性质。人们在海豚前放置一条真鱼和一条假鱼，蒙上海豚的眼睛，结果发现海豚毫不犹豫地向真鱼方向游去。这一特点是人类所发明的声呐无法相比的。科学家经研究发现，海豚头上长着的鼓包（叫额隆）里有一种油质东西，它像光透镜聚光一样汇聚声波，能把海豚发出的超声波汇聚成一个狭窄的波束，所以海豚的"声呐"具有很高的分辨力。

各具特色的动物冬眠

冬天来到了，熙熙攘攘的大自然变得十分宁静，原来，许多动物开始冬眠了。它们的体温降低，各种生理活动变得十分缓慢，能量的消耗也降低到最少的水平，能在不吃不喝的情况下，依靠体内贮存的养料度过漫长的冬季。

动物的冬眠是一种奇妙而神秘的现象。它们在冬眠之前，大多进行过一番紧张的准备工作，大吃大喝，使体内的皮下脂肪大为增加，把自己养得又肥又胖，有时积累的皮下脂肪竟会超过正常时的体重，以备长期消耗之用。人们观察了若干种动物的冬眠，发现了不少意想不到的东西。

在加拿大，有些山鼠，冬眠长达半年。秋天一来，它们便掘好地道，钻进穴内，将身体蜷缩一团。它们的呼吸，由逐渐缓慢到几乎停

动物冬眠

止，脉搏也相应变得极为微弱，体温更是直线下降，可以达到5℃。这时，即使用脚踢它，也不会有任何反应，简直像死去一样，但事实上它却是活的。

松鼠睡得更死。有人曾把一只冬眠的松鼠从树洞中挖出，它的头好像折断了一样，任人怎么摇撼都始终不会张开眼，更不要说走动了。甚至把它抛在桌上，用针扎也刺它不醒。只有用火炉把它烘热，才悠悠而动，而且还要经过颇长的时间。

刺猬冬眠的时候，连呼吸也简直停顿了。原来，它的喉头有一块软骨，可将口腔和咽喉隔开，并掩紧气管的入口。生物学家曾把冬眠中的刺猬提来，放入温水中，浸上半小时，才见它苏醒。

蝙蝠的睡姿十分惊险。它们是用两脚倒悬着冬眠的，这样经过整个冬天，竟然不会跌下。冬眠时，它们的呼吸有时可以停顿一刻钟，仍然安然无恙。而且，蝙蝠妈妈此时正怀着孕呢。蝙蝠在秋末交配，雌性蝙蝠受精后，即把精子贮藏在子宫内，并供给它适量的养料（肝糖），到翌年春暖，一边排卵，一边给精子解冻。这一生活习性的好处保证了它一定能受孕。

动物的冬眠真是各具特色：蜗牛是用自身的黏液把壳密封起来。绝大多数的昆虫，在冬季到来时不是"成虫"或"幼虫"，而是以"蛹"或"卵"的形式进行冬眠。熊在冬眠时呼吸正常，有时还到外面溜跶几天再回来。雌熊在冬眠中，让雪覆盖着身体。一旦醒来，它身旁就会躺着1～2只天真活泼的小熊，显然这是冬眠时产的仔。

动物冬眠的时间长短不一。西伯利亚东北部的东方旱獭和我国的刺猬，一次冬眠能睡上200多天，而俄罗斯的黑貂每年却只有20天的冬眠。

至今，人们尚未能完全揭开动物冬眠的奥秘。但是科学家们通过不断探索，已经认识到，研究动物的冬眠不仅妙趣横生，而且颇有价值。这些研究的每一个新突破，都能为农业、畜牧业和医学的发展提供有益的启示。

鸟类飞行定向功能

远行的飞禽靠什么辨别方向，始终是人们百思不得其解的谜。例如，有一种北极燕鸥，它们夏季出生在北极圈10°以内的地方，出生后6个星期就离家南飞，一直飞到远在1.8万千米外的南极浮冰区过冬。过冬之后，又飞回北方原来的出生地点去度夏。由于迂回弯曲，一来一去北极燕鸥的实际飞行竟达4万千米之遥。燕鸥飞越如此漫长的路程，竟丝毫不会迷航，它究竟是凭什么本领认路的呢？它那简单的头脑是怎样解决复杂的航行定向的问题呢？

有人认为一部分飞禽是靠地球磁场来定向导航的，比如信鸽；也有人提出鸟类是根据太阳和星辰来导航的。

飞行定向的鸟

现在一种比较流行的理论认为，鸟类的迁徙习性和辨识旅途能力是与生俱来的，这只能用遗传来解释。

鸟类的迁徙习性是由史前时期觅食的困难所造成的。那时，为了寻找食物，鸟儿不得不进行周期性的长途旅行。这样年复一年，世世代代，经过漫长的演化过程，各种迁徙习性就被记录在它们的遗传密码上，然后经过核糖核酸（RNA）分子一代一代传下来。因此，那些很早就被父母遗弃了的幼鸟，在没有成鸟带领，也没有任何迁徙经验的情况下，仍然能成功地飞行千里，抵达它们从未到过的冬季摄食地。

科学家们曾用鹳鸟做过实验。生活在德国的鹳鸟有2个品种，一个生活在西部，一个生活在东部，它们在一定季节里都要迁飞到埃及去。但这两个品种的鹳鸟迁移路线并不相同。生活在西部的鹳鸟是飞越法国和西班牙上空，然后越过直布罗陀海峡，沿着北非海岸，飞抵埃及的；而东部的鹳鸟则绕过地中海的末端直抵埃及。

科学家把东部鹳鸟的蛋，移置到西部鹳鸟的窝里，待孵出小鸟后，加上标记以便辨认。令人惊奇的是，东部小鸟长大迁飞时，并没有跟随饲养它们的养母（西部鹳鸟）一起飞行，而是按照自己祖先固有的东部鹳鸟路线飞行。

这个实验生动地表明，鹳鸟迁飞选择哪一条路线，并不是简单地跟随长辈的结果，而是遗传因素支配下的本能。

那么，这种遗传能力究竟是怎样形成的？既然知识的获得性不能遗传，那么定向识途的知识又怎么可能编入遗传密码呢？这又是摆在遗传学家面前的一大难题了。

鲨鱼救人现象

1986年1月5日，到南太平洋斐济群岛旅游观光的美国佛罗里达州立大学教育系学生罗莎琳小姐，从马勒库拉岛乘轮渡返回苏瓦。轮渡在海上航行了约半个小时，罗莎琳忽然听到有人高声喊叫："船漏水了!"顿时船上乱作一团。罗莎琳急忙穿上船上预先准备着的救生衣，和两位一起去旅游的同学挣扎着爬上了一条救生艇。这条救生艇上挤着18位逃生者，由于人太多，小艇随时有翻沉的危险。小艇在波涛中颠簸了两三个小时以后，远处出现了一线陆地。心粗胆大的罗莎琳率先跳入海中，她回头高声喊道："胆大的跟我游过去，陆地不远了，不要再坐那该死的小艇了!"接着就有七八个人跟着她跳入海中。这时她看了一下手表，时间是下午4点05分。

在学校里，罗莎琳是出色的游泳能手，但海里浪头太大了，她无法发挥自己的特长，只好让水流带着她往前漂。

罗莎琳在海上漂泊了几个小时。暮色渐渐地笼罩着海面，一轮明月冉冉升起。忽然，她看到远处一根黑色的木头迅速地向她漂过来，很快她就看清楚原来是一条八九英尺长的大鲨鱼!罗莎琳惊恐万分，她感到自己已死到临头了，不禁伤心地哭了起来。

鲨鱼狠狠地撞了她一下，然后就张开大口向她咬了过来。但奇怪的是它没有咬着罗莎琳的身体，而是咬住了她的救生衣，用那尖刀般的牙齿将救生衣撕碎。这条鲨鱼围着罗莎琳团团转，还用尾巴梢去扫她的背。突然又有一条鲨鱼从她的身底下钻了出来，随即在她的周围上窜下跳，最后竟潜下水去在她的身下浮了上来，这时罗莎琳才发现她莫名其妙地骑在这条鲨鱼背上，就像骑在马上似的！

第一条鲨鱼还是在她身边兜圈子，接着她骑的那条鲨鱼又悄悄地溜走了。随后这两条鲨鱼又从她的左右两边冒了上来，把她夹在中间，推着她向前游去。

到天亮的时候，这两条鲨鱼仍然同她在一起。这时候罗莎琳似乎意识到它们为什么要这样做。原来在这两条鲨鱼的外围还有四五条张着血盆大口的鲨鱼在转游，它们的眼睛始终在盯着她，口中露出一排排尖刀般的牙齿。每当那几条鲨鱼冲过来要咬她时，这两条鲨鱼就冲出去抵御它们，把它们赶走。

要是没有这两个"保镖"，罗莎琳早就被撕得粉碎了。当暮色再一次笼罩海面时，这两条鲨鱼还一直在陪伴着她。突然她听到头顶上有嗡嗡声，抬头一看，是一架救援直升机。直升机上放下了救援绳梯。她抓住了绳梯，用尽全身之力爬了上去。爬上直升机后，罗莎琳从半空中低头往下看，那两条救命鲨鱼已消失得无影无踪。罗莎琳被送往医院治疗。她后来得知，这个海区经常有鲨鱼出没，其他跳入海中的人都已失踪，显然都已葬身鱼腹了。

鲨鱼，自古以来就被认为是人类在水中的最凶恶的敌害。可是，竟然会有两条鲨鱼拯救了一位落水的姑娘，并保护着她免受同类的伤害。这真是一件不可思议的事！为什么这两条鲨鱼会救人呢？难道它们对人类有着某种特

凶猛的鲨鱼

殊的感情？或许是它们把罗莎琳当做了自己的同类？这一离奇事件给海洋生物学界留下了一个难解的谜。

猛犸的灭绝

猛犸与象是近亲，它的形象与象也较相似：身躯与象差不多，甚至更大，满身披着浓厚的长毛；高而圆的头顶下面，长着一条长鼻子；两支向上弯曲的象牙可达 4 米；背上有高耸的肩峰；臀部向下塌；尾巴上长着一丛毛。

据考证，大约在距今 20 万年前，猛犸便随着地质历史上最后一次大冰期的到来而出现。它的足迹遍布北半球的北部地区，包括我国北部地区。特别是北冰洋的新西伯利亚群岛，曾经生活着许多猛犸。直到距今约 1 万年前，猛犸才随着冰川的消退而灭绝。

在俄罗斯西伯利亚北部冻土层里，曾经发现了 25 具被冷冻而保存完好的猛犸尸体，它们像被藏在冷藏库里的食物一样，一点也没有变质。据说，有一次在前苏联召开的国际地质学术会议，与会的代表还品尝了用 1 万多年前的猛犸冻肉烧制的菜肴。

曾经在地球上显赫一时的猛犸，为什么突然灭绝了呢？美国的古生物学家欧尼斯脱认为，猛犸是由于冰河末期的气候变化而灭绝。他解释说，在冰河时代气候不像现在这样具有季节性，冬夏之间的温差要比现在小得多。当冰河期结束，季节之间的温度变化较为明显时，有些动物适应了这种气候的变化；有些动物不适应这种变化而迁徙；有些动物则从此灭绝，猛犸就是其中的一种。

猛 犸

美国的生态学家保尔则认为，人类的捕杀导致了猛犸的灭绝。其根据是：在一些发掘出猛犸化石的地方，同时发现了一些人类使用的石制工具；在一些猛犸的化石上，仍然还戳着石头制成的矛尖……美国地质学家拉利还发现，追捕猛犸的人类以宽大的波浪状模式越过南美洲西部，而猛犸的灭绝模式也是一个宽大的向前推进的波浪。这似乎可以说明，人类从连接在西伯利亚和阿拉斯加之间的狭长陆地，到达西半球的落基山后，向南及东推进，沿途杀尽了猛犸。

此外，还有人提出不同的看法：有的认为是火山突然爆发，引起极度猛烈的狂风，使猛犸速冻致死；有的认为是大量彗星尘埃进入地球大气上层空间，导致地球上最近一次冰期，此时海洋把热量传给陆地，引起了真正的"冰雨"，由此猛犸灭绝……总之，猛犸灭绝的原因目前还没有一个较有说服力的答案。

九头鸟类

世界之大，无奇不有。这是众所周知的常识，然而，当真有一件稀罕的事物或学说出现时，人们往往却又不知所措，疑团重重，不敢相信，直至亲眼所见为止，甚至亲眼所见，也还会画上众多问号，这是不是在做梦？是不是幻觉？如此等等。

如今又有人超出常规，说地球上有9个脑袋的大鸟——九头鸟，当然又会有那么一些人摇头不信，因为他没见到。然而九头鸟自古至今一直流传着，而且还有人亲眼见到，这就不能再加以怀疑了。

提到九头鸟，人们都知道"天上九头鸟，湖上湖北佬"这句有趣的民谣。久而久之，"九头鸟"便成为湖北人的戏称或代名词了。

近几年来，有的报刊报道了湖北省恩施自治州、湖南省石门县等地发现了九头鸟的消息，从而引起了国内外的关注。在驰名中外的生物宝库、奥秘王国——神农架，奇禽异兽种类繁多，有不少关于九头鸟的目击者。

张新全，初中文化，他是在1982年11月的一个阴天的上午10时左右看到九头鸟的。当时，他在神农架林区泮小张八角庙燕子附近的承包土地上种土豆，突然听到空中有鸟的奇特嘘叫声，像沉闷的哨音，跟他以前听到的各种鸟叫声不同。他感到奇怪，便抬头望去，令他大吃一惊：发出怪叫声的是一只簸箕大的巨鸟，包括翅膀在内大约有 2 米，其羽毛黑灰色；更令他惊骇的是该鸟有一簇脑袋，大约有 9 个头，嘴巴呈红色；它的尾部也很奇特，呈圆扇形，既像孔雀开屏，又像车轮，旋转而飞。一会儿，这只九头鸟便飞进了远方的山林。

是否真的有九头鸟的存在呢？

通过调查研究和分析，不少学者认为：

（1）九头鸟类在古代诗文中记载颇多，现代也多处发现，可以设想它是一种珍贵罕见的鸟类动物，只是科技界尚未获得标本罢了。

（2）自古迄今，九头鸟常发现于湖南、湖北、河南等地，而以湖北为中心。所以，人们常说"天上九头鸟，地上湖北佬"，具有实物作依据的，恐非仅仅是神话传说。

（3）古今目击者看到九头鸟滴血或嘴巴是红色的，可能是九头鸟捕食动物或身体受伤后残留血迹所致。

（4）当代发现九头鸟仅限于鄂西的神农架和恩施自治州、湘西北的石门县南坪河乡，而这三地正好连成一片，地处北纬 30° 至 32°、东经 109° 至 111° 之间，这并非仅仅是巧合。

（5）神农架是华中屋脊，恩施自治州是山区，壶瓶山是湖南屋脊，说明九头鸟主要生活于人烟稀少、森林茂密的中山和高山地带，很难见到，所以不应轻易否定九头鸟的客观存在。

（6）神农架的九头鸟很可能栖息于八角庙燕子洞等处。此洞地势险峻、高深莫测，人们很难攀入洞里，说不定九头鸟就以燕子为主食。神农架山洞密布，栖息于洞穴中的燕子（短嘴金丝燕）最少有数百万只，以动物为食的鸟类很容易入洞捕食燕子，所以九头鸟不愁食物。

据此推测，九头鸟可能是存在的。如能科学地证实九头鸟的存在，那么，九头鸟将是地球上鸟类王国中最珍奇的瑰宝。从生物工程角度看，它具有极为重大的科研价值，也具观赏价值和经济价值。一旦捕获到九头鸟，将是自然科学的一大发现。

神奇的植物

会跳舞的草

舞草是一种热带植物，常见于亚洲和南太平洋。舞草有一种很奇特的本领，它的叶片能够翩翩抖动。舞草的舞姿美妙而不单一，一会儿绕轴旋转，一会儿猛地向上升，又降落下去。很少其他的植物有这种奇特的快速运动能力，金星捕蝇草也会跳舞。但舞草是最奇特并且最不为人所知的。

舞草为何会翩翩起舞，各有各的说法。有的人认为是植物体内微弱电流的强度与方向的变化引起的；有的人认为，是植物细胞的生长速度变化所致；也有人认为是生物的一种适应性，它跳舞时，可躲避一些愚蠢的昆虫的侵害，再就是生长在热带，两枚小叶一转，可躲避

会跳舞的草

酷热，以珍惜体内水分。而植物学家普遍认为与阳光有关，有光则舞，无光则息，就像向日葵冲着太阳转动头茎一样。为更科学地解释这一现象，

植物学家还在继续深入探索。

舞草不止会跳舞，还有其他功效。据医书记载，舞草的根、茎、叶均可入药，泡成药酒可治疗骨病、风湿病、关节炎、腰膝腿痛等疾病。用嫩叶泡水洗脸，能令皮肤光滑白嫩。

奇异的植物陷阱

植物也会设置陷阱吗？是的。有些植物是用陷阱逮住昆虫的，不过它们捕虫而不吃虫，只是将昆虫囚禁起来，然后又打开"牢门"，把"俘虏"放走了。它们囚住昆虫，是让这些虫子为自己传授花粉。

用花来当陷阱

马兜铃会巧设陷阱。它的花儿像个小口瓶，瓶口长满细毛。雌蕊和雄蕊都长在瓶底，只不过雌蕊要比雄蕊早熟几天。雌蕊成熟的时候，瓶底会分泌出一种又香又甜的花蜜，把小虫子吸引过来。小虫子饱餐一顿后想要返回时，早已身不由己，陷进"牢笼"了。因为瓶口细毛的尖端是向下的，进去容易出来难。小家伙心慌意乱，东闯西撞，四处碰壁，不知不觉中所带来的花粉就黏到了雌蕊上。几个小时，雌蕊萎谢了，小虫子依然是"花之囚"。直到两三天后，雄蕊成熟了，小虫子身上沾满了花粉，它才能重见天日。那时，马兜铃会自动打开瓶口，瓶口的细毛也枯萎脱落了，这个贪吃的"使者"终于逃出"牢笼"。不过，刚恢复自由的小虫子又会飞向另一朵马兜铃花，心甘情愿地继续充当"媒人"。

植物陷阱

陷阱小道

除了马兜铃，还有一些会设陷阱的植物。有一种萝摩类的花，虫儿飞来时细脚会陷入花的缝隙中。虫儿拼命挣扎，结果脚上沾满了花粉。小家伙从缝中拔出脚来，便一溜烟似地跑了。拖鞋兰的花儿是别具一格：兜状的花中，没有明显的入口处，也看不到雄蕊和雌蕊，只是中间有一道垂直的裂缝。蜜蜂从这儿钻进去，就来到一个半透明的小天地里，脚下到处是花蜜。蜜蜂尝了几口，刚准备离去，谁知后面已封闭起来，没有退路了。只有上面开着一个小孔，蜜蜂只好沿着雌蕊柱头下的小道勉强穿过，这时身上的花粉被刮去了。它再钻过布满花粉的过道，身子上沾满了花粉，这是拖鞋兰的花请蜜蜂带到另一朵花中去的。

植物的骗术

另外一些植物虽然不设陷阱，但也会欺骗动物前来为自己传授花粉。在北美和地中海一带有一种兰科植物，就是靠对细腰蜂的欺骗。这种植物花朵的形状很像雌细腰蜂，花瓣闪耀着金属光泽，就像阳光下雌蜂的翅膀。有趣的是，它的花朵还能发出雌细腰蜂的气味呢。难怪雄细腰蜂见了会兴高采烈地飞来，等它发觉受骗上当时，已在为植物传粉了。留唇兰的骗术更加高明。它的花朵的形态和颜色，活像一只蜜蜂。一片留唇兰在风中摇曳，简直就像一群好斗的蜜蜂在飞舞示威。蜜蜂有很强的"领土观念"，它们发现假蜂在那儿摇头晃脑，便群起而攻之。结果，正中留唇兰的下怀，蜜蜂的攻击对花朵毫无损伤，却帮助它传授了花粉。

吃动物的植物

在自然界中，我们常看到动物吃植物的现象。例如，蚕吃桑叶，羊啃青草，鸟儿觅食种子充饥，菜青虫把菜叶子咬得万洞千窗，公园里的大熊猫最爱吃竹子，长颈鹿伸着脖子摘食树叶……

吃昆虫的猪笼草

可是一说世界上还有的植物会"吃"动物,又不免使你感到奇怪!特别会使你惊讶的是,世界上还有"吃"人的树。在印度尼西亚的爪哇岛上,生长着一种奇怪的树,叫奠柏。这种树生长着许多长长的枝条,有的拖在地上,像快要断的电线,行人如果不注意,碰上了它的枝条,就会招来大祸:那些枝条都会紧紧缠来,使人难以脱身,它的树干和枝条上能分泌一种很黏很黏的胶液,牢牢地把人黏住,直到勒死为止。

这种凶狠的植物,人们又叫它"吃人树"。它靠人和动物腐烂的尸体为养料,等吸收完了,它的枝条又展开了。大家不必担心,在我们美丽的国家里没有这种讨厌的树。

但是,在我们国家,食虫的植物是有的。像猪笼草、毛毡苔、狸藻等,大都生长在缺氮的沼泽地带或酸性土壤上,它们在长期演化中形成了捕虫的特性,满足了对氮素的需要,这也是植物适应环境的特殊现象。

食虫植物在地球上的分布,主要在热带和亚热带,其次才是温带。据统计,全世界有食虫植物 500 种左右,我国约有 30 多种。下面,我们向读者介绍几种食虫植物。

身挂"瓶子"的猪笼草

当你到海南岛五指山上采集植物或游览时,就会在深山老林的小溪旁,发现一种奇怪的植物——猪笼草。

猪笼草的茎是半木质藤本,最长不过一二米,一般在 1 米以下,在它的叶端悬挂着一个一个的囊状物,这就是猪笼草捕食昆虫的工具。它这个捕虫囊是由叶子的一部分变成的。叶的基部有叶柄和扁平的叶片,长椭圆形,长 25 厘米，宽 6 厘米。叶的中脉延伸成卷须，长达 30 厘米。卷须的顶端膨大为捕虫囊，圆筒形，口部呈漏斗形，长 15 厘米，宽 4 厘米。囊口的后边还有一个能活动的囊盖。捕虫囊通常具有各样美丽的色泽，有引诱昆虫的作用。

在水中设陷阱的狸藻

"吃"虫的植物，不仅陆地上有，水里也有，狸藻便是一种。狸藻生长在静水里，因为它没有根，所以能随水漂流。这种植物长可达 1 米，它的叶子分裂成丝状。在植物体下部的丝状裂片基部，生长着捕虫囊。捕虫囊扁圆形，长约 3 毫米，宽约 1 毫米。在囊的上端侧面有一个小口，小口周围有一圈触毛。口部的内侧有一个方形的活瓣，能向内张开，活瓣的外侧有四根触毛。捕虫囊的内壁上有星状腺毛，腺毛能分泌消化液。

一棵狸藻上长有上千个捕虫囊。每一个捕虫囊就是水中的一个小陷阱。在有狸藻分布的水里，到处都是小"陷阱"，因而形成一个"陷阱网"。假若水中的小虫，进入这个"陷阱网"，想跑掉是不可能的。

当水蚤这类小动物游进了陷阱网，它就会东碰西撞。要是它碰到捕虫囊口部活瓣上的触毛，活瓣马上向内张开，水便立即流入捕虫囊内，此时小动物也会随着水流进入囊内。

当小动物进入囊后，由于水压的关系，活瓣又立即关闭起来。此时捕虫囊内壁上的星状腺毛，分泌出消化液，把虫体消化分解，通过捕虫囊壁细胞把养料吸收掉之后，剩下的水通过囊壁排出体外，捕虫囊又恢复原来的状态。狸藻就是这样靠自己"吞食"动物的本领，营养自身的。

狸藻属狸藻科，在狸藻属中的植物约有 250 种，分布于全世界。我国约有 17 种，全国各省份均可见到。在北京颐和园的池塘里也可以找到它的踪迹。多数生在水中，也有的生在低湿积水的草甸上。

狸藻捕虫囊的形状活像个瓶子。它是怎样捕食昆虫的呢？它不仅以美丽的颜色招引昆虫，而且它的囊口和囊盖上布有蜜腺，能分泌出蜜液引诱昆虫。当昆虫飞来吃蜜时，由于囊口非常光滑，很容易失脚跌入囊中。囊的内壁也很光滑，况且囊里常存有半"瓶子"水，落水的昆虫在囊中死命地挣扎，不但逃不出来，反而刺激囊盖，盖了起来，最后便死于囊中。捕虫囊能分泌一种蛋白酶，将昆虫分解，然后作为养料吸收。当这捕食过程完成后，它的盖子又重新张开，等待第二个"顾客"到来。

森林空调现象

炎热的夏天，站在大树下觉得很凉爽，如果走进大森林，则更加清凉。然而到了冬天，外面北风凛凛，冷得全身发抖，但森林里却比较暖和。森林就像一个巨大的绿色空调，能够自动地调节温度。那么，为什么大森林里冬暖夏凉？

夏凉的奥秘

夏天，阳光强烈，森林进行光合作用吸收大量的太阳光能。同时，植物蒸腾作用也很强。蒸腾作用是植物体内的水分以气体形式通过气孔扩散到空气中，使太阳光的热能转化为水分子动能；同时散发到空气中的水汽增加了空气的湿度，使大气气温升高缓慢。大家都有这样的体会，夏天洗澡后，或把地板弄湿后，比较凉爽，也是由于水分蒸发要从环境中吸收大量的热。夏天树木枝叶十分茂密，阳光不能直接照射到林下，而且有的树的表面呈灰白色或浅色，有的有一层腊质，这些都有利于光线的反射。有些植物具有反射红外线的功能，而红外线的热效应是最强的。所以夏天在森林中要比林外凉爽。

森林空调

冬暖的奥秘

到了冬天，小动物都躲到森林里去了，因为森林里比森林外暖和得多。首先，在林外风大，散热快，人和动物身上的热量容易被风吹走，感觉特别冷。森林能使风速大大减小，人便觉得暖和。其次，树的光合作用和蒸腾作用的速率大大降低，有的处于休眠状态，这样植物体吸收的热量便减少很多了。植物为了减少消耗，许多叶子都脱落了，只剩下树干和枝条，这样植物的反光作用减弱了，阳光可以直射进森林里面，增加森林的温度。据科学家证实，空气中二氧化碳浓度增加，会产生温室效应。由于冬天光合作用减少，森林吸收二氧化碳的数量减少，所以森林中的气温比森林外要高。为了能吸收更多的红外线，有些植物的叶绿素减少，而其他色素增多而变成红色，这样能吸收更多的热量。森林能使冬天变暖一些而使夏天变凉一些，对大气候有重要的调节作用，好像一台大型的绿色空调。不过，这台大空调不仅能调节温度，它还是一个制造氧气的绿色"化工厂"呢。

绿色"化工厂"

森林中的植物能够吸收与利用太阳光的能量，把从根部吸收上来的水分和由叶面吸收进来的二氧化碳结合起来，制造有机物质并放出氧气。这一过程就称为光合作用。植物的光合作用会产生大量的氧气。如果每人每天吸进 0.75 千克的氧气，呼出 0.9 千克的二氧化碳，全世界以 50 亿人口计算，每天就需要 37.5 亿千克的氧气，每天排出的二氧化碳就有 45 亿千克。由于绿色植物不断地进行光合作用，我们人类呼出的二氧化碳被植物吸收了，同时植物放出的氧气也被我们人类利用了。有人做过这样的测试，在一些粉尘和烟雾污染比较严重的地方，多种一些阔叶树木，就能有效地防止或减轻那里的空气污染。由此不难看出，绿色植物不仅供给人类食物，而且也是氧气的生产者，同时还是净化空气中的粉尘和消除烟雾的环卫者。所以说，植物是最大的绿色"化工厂"，这话一点不假。

能灭火的"灭火树"

我们都知道，树木遇火就会燃烧。而森林中有成千上万株树木，一旦发生火灾，那严重的后果是可想而知的。因此防止森林火灾是各国林业工作人员的一大课题。可是，你知道吗？在大自然中，还有一种会自己灭火的"灭火树"呢。

会灭火的树

这种不仅不怕火烧，而且还会灭火的奇特的树木生长在非洲丛林中，本名叫"梓（zǐ）柯树"。有一位科学家曾对这种树的灭火性作过试验。他有意站在一棵梓柯树下，用打火机点火吸烟。当他的打火机中的火光一闪，顿时从树上喷出了无数条白色的液体泡沫，劈头盖脸地朝这位科学家的头上身上扑来。接着打火机的火焰立刻熄灭，而这位科学家从头到脚都是白沫，浑身湿透，狼狈不堪。这种灭火方式多像普通的人工灭火机，而且"灭火树"还是全自动的呢？

梓柯树为什么会有这种高超的灭火本领呢？科学家们经研究发现，这种树上有一个自动的天然"灭火器"。梓柯树从外表来看，树型高大，枝叶茂密。细长的叶子朝下拖着，长约 2.5 米，好像长长的辫子。在这茂密的叶子丛中隐藏着许多馒头大小的圆球，仿佛是果实，其实那是节苞，正是灭火的武器。节苞上有许多小孔，仿佛洗澡用的淋浴喷头一样，里面满是白色透明的液体。经化学家们分析，这些液体中含有大量的四氯化碳。梓柯树对火特别敏感，只要它的附近出现火光，梓柯树就立刻会对节苞发出命令，而节苞马上会喷射出液体泡沫，把火焰扑灭，保证它自己和周围的林木不受火灾的危害。生物学家估计，这种特殊的"灭火"本领可能是一种遗传下来的保护自身的植物生理机能。

有趣的"蝴蝶树"

在美国蒙特利松林里，有一种松树的树皮呈深绿而近墨黑色。树叶很长，树枝粗糙，表面布满了青苔。奇怪的是，每到秋天，当数不清的彩蝶从北方定期飞往南方去度过寒冷的冬天时，都不约而同地纷纷降落在这些黑松树上而不再往前飞行。它们一个又一个地爬满松树的枝叶，双翅紧合，纹丝不动。很快这儿便成了"蝴蝶世界"，所有这种松树都变成了五光十色的"蝴蝶树"。直到第二年春暖花开时，蝴蝶才悄悄飞去，此时这儿松树依旧，蝶影全无。"蝴蝶树"成为世界上最奇异的生物现象之一。

神奇的"流血树"

在英国威尔士的一座建于6世纪的古代庭院里，耸立着一棵700多岁的老杉树，高达20余米。树上有一条2米多长的裂缝，从这条裂缝中终年不停地流出血液一样的液体。在距也门首都亚丁东南部800千米的索哥特立岛，生长着一种龙血树。它的树干每日不停地流着"鲜血"。这种植物"鲜血"只有形态似血，其实是鲜红色的黏稠树脂。这种"鲜血"在医学上成为名贵药材。龙血树为什么会"流血"呢？当地民间流传着这样的神话故事，说是古代凶恶可怕的龙在同力大无敌的大象搏斗厮杀的时候，因受伤而鲜血直流。这龙血树就是龙的化身。老杉树、龙血树到底为什么会终日不断地"流血"呢？要科学地解释，目前还有一些困难

指向南极的"指南树"

东南亚各国有一种常见的印度扁桃树,树的外形十分奇特。它的树枝与树干形成直角,而且只向南北两个方向生长。人们不难根据树枝的方向来辨别东西南北,故有"指南树"之称。在非洲东海岸马达加斯加岛上,也生长着一种"指南树"。树高约8米,树干上长着一排排细小的针叶。不论这种树长在什么地段、什么高度,它的细小针叶总是指向南极。出没于森林中的大人小孩,总是靠这种树来确定方向,所以伐木者都不愿砍伐这种神奇的怪树。为什么这些树有辨别方向的能力,的确令人不解。

116

恐怖的食人植物

一般的食物链中,植物总是动物的食物,但有些植物也能吃掉动物,比如猪笼草、茅膏菜和生活在水中的狸藻,甚至一些蘑菇,都能吸引小虫,然后分泌黏液和消化液,将它们黏住吃掉。这是早被科学家证实的事实。不过人们总是要问,既然有能吃掉小虫子的植物存在,那有没有能吃掉大型动物甚至人类的植物呢?究竟是真是假,在没有确切的标本作为证据之前,谁也无法说清。比较确切的是生长在印尼爪哇岛上的奠柏。它高达8~9米,细长的枝条能缠住大型动物,然后分泌消化液将它们吃掉。食人植物又为什么要吃人呢?

西方关于食人植物的记载最早源于一位德国人的探险记录。据说他曾在非洲马

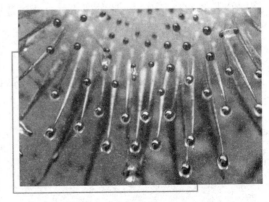

食人的植物

达加斯加岛上亲眼目睹了一棵树吃人的全过程。这种树长着宽大的叶子，它就是用叶片将人紧紧缠住逐渐消化掉的。但是，许多科学都曾前往该地甚至整个非洲大陆考察，没有任何发现。不过其他广布热带丛林的地方，都有类似传说。据说有一次，几个逃犯逃进了亚马孙丛林里，其中一人无意中踩到了一个苔藓一样的东西，那东西竟像毯子一样把他裹住，滚到河中。其他人只听到那人不断发生惨叫，再也找不到他的踪迹。越战时期，一些美国士兵在越南的丛林里也遭遇到了食人植物。一位士兵从河里舀水喝，不料被一丛狸藻紧紧缠住往水里拖。其他人不敢靠近，只好把他的手砍断。不久之后，这只断手竟被消化得一干二净。

十几年来，世界上许多报刊杂志不断刊登了有关食人树的报道。报道对食人树的描绘有共同的地方："这种奇怪的树，外形与柳树近似，长有许多长长的枝条，有的半垂在空中，有的拖到地面上，就像一根根断落的电线。行人如果不注意碰到它的枝条，枝条就会马上把人紧紧卷起来，使人难以脱身，仿佛被无数根绳索绑住一般。接着，枝条上分泌出一种极黏的消化液，牢牢地把人黏住、勒死，并消化皮肤、肌肉，直到将人体中的营养吸收消化完，枝条才重新展开，而地上往往只留下一堆白骨。"这是多么可怕的植物啊！食人树是否真的存在？现实中发生的一件件怪事让人不能不信服食人树的存在。在内尔科克斯塔的莫昆斯克树林中，有一块近100平方米的地方被铁丝网围住。边上竖着一块醒目的木牌，木牌上赫然写着："游人不得擅自入内。"在它旁边还立着一块巨大的木牌，那上面详细地记载着过去曾在这里发生过的不幸事件，提醒游人珍惜生命。在这圈铁丝网中，矗立着两株巨大的树，它们的躯干庞大，直径足有6米多。其中一株，由于生长年代久远，树的底部已经腐烂，露出一个3米宽、5米高的树洞。两株树相距10米远。据专家分析，它们已经有4000多年的寿命。

神奇的"食物树"

树是人们最常见的植物之一，很多树结出的果实都是人们的美味食品。

不过，有些树的"果实"比较希罕，与我们通常所说的果树大不相同，于是有人将它们统称为"食物树"。

大米树

太平洋地区的一些国家里，有一种名叫"西谷椰子"的树。它的树形很像椰子树，令人叫绝的是，这种树可产出"大米"来。这种树的树皮、树干内含有大量淀粉。当地人常把树砍倒，将树干劈开，取出淀粉，然后放在清水中沉淀、晒干，最后加工成像大米一样均匀、洁白的颗粒，称之为西谷大米。一

食物树

般情况下，每棵西谷椰子树可产西谷大米300千克左右。西谷椰子树一般只开一次花。开花之前，树干内堆集的淀粉可达几百千克。可奇怪的是，只要一开花，大量淀粉很快就会消失得一干二净。

糖槭树

在北美洲，有一种能够分泌糖汁的树，它的名字叫"糖槭树"。这种树通常高30多米，树干的直径大约60~100厘米。每年1~4月份，是割取糖汁的大好季节。一棵生长15年以上的糖槭树，每年可产约360千克的糖汁。但是这种树并不是永远都产糖，平均每棵糖槭树的产糖期为50年左右。很多人都感到奇怪，糖槭树里的糖汁是怎样产生的呢？原来，糖槭树的树干内贮存着大量的淀粉。每年冬天，这些淀粉慢慢地转化成糖。到了第二年的春天，草木复苏，树液开始流动，这时便可以在树干上切口取汁了。

猴面包树

在世界第四大岛——非洲的马达加斯加岛上生长着一种奇形怪状的

"猴面包树"。它的枝杈形状千奇百怪，酷似树根。这种"根系"好像"长在脑袋"上、暴露在空气中的乔木，属锦葵目木棉科，原产于非洲。其树干呈稀奇古怪的"大肚子"式的"圆桶形"。它们通常高约10多米，但是"腰围"（即树干最粗处的周长）却往往长达几十米，常常要一二十个人手拉手才能合抱一圈。旱季来临，为了减少水分的蒸发，这种树会迅速地落光身上所有的叶子。一旦雨季到来，它又会依靠自身松软的木质，如同海绵一样大量吸收并贮存水分，然后开花结果。这种"猴面包"是当地居民的"天赐食物"，在非洲历史上的几次大饥荒时期，这种"天然面包"曾从死神手里夺回了成千上万饥民的生命。因而猴面包树又有"非洲的生命之树"的美称。猴面包树还是植物王国中的老寿星。只要没有特殊意外，它们一般可以活 4000 ~ 6000 年。一株老树周围常常是"子孙满堂"，因而又有"森林之母"的美称。

向阳开的葵花

小葵花，金灿灿，花儿总是向太阳。早晨，旭日东升，它笑脸相迎；中午，太阳高悬头顶，它仰面相向；傍晚，夕阳西下，它转首凝望。它每天从东向西，始终追随着太阳。难怪人们又叫它"向日葵"、"转日莲"和"朝阳花"了。

葵花为什么总是向着太阳转呢？早在100多年前，英国生物学家达尔文就对这个现象发生了兴趣。他发现，种在室内的花草，幼苗出土以后，它的叶子总是朝着窗外探，去沐浴那温暖的阳光。如果把花盆的位置移动一下，叶子又会很快地转过头来，继续探向窗外。

葵花向阳

他把幼苗的顶芽剪去一小块，幼苗虽然还会朝上长，却再也不会弯向太阳了。于是达尔文断定，幼苗的顶端肯定有一种奇怪的东西，能使幼苗弯向太阳。

这究竟是什么东西呢？达尔文还没研究出来就去世了。科学家们继续研究，终于在幼苗顶端找到一种能刺激细胞生长的东西，这就是"植物生长素"。植物生长素是个小东西，从700万个玉米顶芽中提取出来的生长素，也只有一根26厘米长的头发那么重。然而，这种小东西十分有趣，阳光照到哪里，它就从哪里溜掉，好像有意与太阳捉迷藏似的。早晨，葵花的花盘朝东，生长素就从向阳的一面溜到背阳的一面，帮助那里的细胞分裂或增长。结果，花盘和茎部背阳的部分长得快，拉长了；向阳的一面长得慢，于是植株就弯曲起来。葵花的花盘就这样朝着太阳打转了。

然而，近年来美国的植物生理学家根据这个解释，对葵花作了测定。他们发现，不管太阳来自何方，在葵花的花盘基部，向阳和背阳处的生长素都基本相等。因而，葵花向阳与植物生长素的含量多少是没有关系的。那么，葵花为什么能向阳开呢？这里，我们不妨做这样一个实验：把葵花种在温室里，然后用冷光也就是日光灯代替太阳光对花盘进行照射。冷光的方向与太阳光一致：早晨从东方照来，傍晚从西方照来。这时，你会发现无论是早晨和傍晚，葵花的花盘都没转动。如果利用火盆来代替太阳，并把火光遮挡起来，花盘就会一反常态，不分白天黑夜，也不管东西南北，一个劲儿朝着火盆转动。

通过许多实验，科学家们对葵花向阳作出了新的解释：在葵花的大花盘四周，有一圈金黄色的舌状小花，中间是管状小花。管状小花中含的纤维很丰富，受到阳光照射后，温度升高了，基部的纤维会发生收缩。这一收缩就使花盘能主动转换方向来接受阳光。特别是在阳光强烈的夏天，这种现象更加明显。

由此可见，向日葵花盘的转动并不是由于光线的直接影响，而是由于阳光把花盘中的管状小花晒热了，温度上升使花盘向着太阳转动起来。因而，从这个意义上说，向日葵还可以称作"向热葵"。

植物"出汗"之谜

夏天的早晨，你到野外去走走，可以看到很多植物叶子的尖端或边缘，有一滴滴的水珠淌下来，好像在流汗似的。有人认为这是露水。但这并不是露水，因为露水应该满布叶面。那么，这些水珠无疑是从植物体内跑出来的了。

这是怎么回事呢？原来，在植物叶片的尖端或边缘有一种小孔，叫做水孔，和植物体内运输水分和无机盐的导管相通，植物体内的水分可以不断地通过水孔排出体外。平常，当外界的温度高，气候比较干燥的时侯，从水孔排出的水分就很快蒸发散失了，所以我们看不到叶尖上有水珠积聚起来。如果外界的温度很高，湿度又大，高温使根的吸收作用旺盛，湿度过大抑制了水分从气孔中蒸散出去，这样，水分只好直接从水孔中流出来。

在植物生理学上，这种现象叫做"吐水现象"。吐水现象在盛夏的清晨最容易看到，因为白天的高温使根部的吸水作用变得异常旺盛，而夜间蒸腾作用减弱，湿度又大。

植物的吐水现象在稻、麦、玉米等禾谷类植物中经常发生。芋艿、金莲花等植物上也很显著。芋艿在吐水最旺盛的时侯，每分钟可滴下190多滴水珠，一个夜晚可以流出10~100毫升的清水。

木本植物的吐水现象就更奇特了。在热带森林中，有一种树，在吐水时，滴滴答答，好像在哭泣似的，当地居民干脆把它叫做"哭泣

会出汗的植物

树"。中美洲多米尼加的雨蕉也是会"哭泣"的。雨蕉在温度高、湿度大、水蒸气接近饱和及无风的情况下，体内的水分就从水孔溢泌出来，一滴滴地从叶片上降落下来，当地人把雨蕉的这种吐水现象当作下雨的预兆，因此，他们都喜欢在自己的住家附近种上一棵雨蕉，作为预报晴雨之用。

植物睡眠之谜

睡眠是人类生活中不可缺少的一部分。经过一天的工作或学习，人们只要美美地睡上一觉，疲劳感就会消除。动物也需要睡眠，有的甚至会睡上一个漫长的冬季。除此之外，鲜为人知的是，植物也会睡眠。

犯困的植物

每逢晴朗的夜晚，我们只要细心观察周围的植物，就会发现一些植物发生了奇妙的变化。比如公园中常见的合欢树，它的叶子由许多小羽片组合而成。在白天舒展而又平坦，可一到夜幕降临时，那无数小羽片就成对成对地折合关闭，好像被手碰过的含羞草叶子，全部合拢起来，这就是植物睡眠的典型现象。有时候，我们在野外还可以看见一种开着紫色小花，长着三片小叶的红三叶草。它们在白天有阳光时，每个叶柄上的三片小叶都舒展在空中，但到了傍晚，三片小叶就闭合在一起，垂下头来准备睡觉。花生也是一种爱睡眠的植物，从傍晚开始，它的叶子便慢慢地向上关闭，表示白天已经过去，它要睡觉了。会睡觉的植物还有很多很多，如酢浆草、白屈菜、含羞草、羊角豆……

不仅植物的叶子有睡眠要求，就连娇柔艳美的花朵也要睡眠。例如，在水面上绽放的睡莲花，每当旭日东升之际，它那美丽的花瓣就慢慢舒展开来，似乎刚从酣睡中苏醒。而当夕阳西下时，它又闭拢花瓣，重新进入睡眠状态。它这种"昼醒晚睡"的规律特别明显，因此得名睡莲。各种各样的花儿，睡眠的姿态也各不相同。蒲公英在入睡时，所有的花瓣都向上竖起来闭合，看上去好像一个黄色的鸡毛掸。胡萝卜的花，则垂下头来，像正在打瞌睡的小老头。更有趣的是，有些植物的花白天睡觉，夜晚开放。如晚香玉的花，不但在晚上盛开，而且格外芳香，以此来引诱夜间活动的蛾子来替它传授花粉。还有我们平时当蔬菜吃的瓠子，也是夜间开花，白天睡觉，所以人们称它为夜开花。

植物睡眠在植物生理学中被称为睡眠运动。植物的睡眠运动给植物本身带来什么好处呢？起初，解释睡眠运动最流行的理论是"月光理论"。提出这个论点的科学家认为，叶子的睡眠运动能使植物尽量少遭受月光的侵害，因为过多的月光照射，可能干扰植物正常的光周期感官机制，损害植物对昼夜长短的适应。后来科学家又发现，有些植物的睡眠运动并不受温度和光强度的控制，而是由于叶柄基部中一些细胞的膨压变化引起的。例如，合欢树、酢浆草、红三叶草等，通过叶子在夜间的闭合，可以减少热量的散失和水分的蒸腾，起到保温保湿的作用。尤其是合欢树，叶子不仅仅在夜晚会关闭睡眠，在遭遇大风大雨袭击时，也会渐渐合拢，以防柔嫩的叶片受到暴风雨的摧残。这种保护性的反应是对环境的一种适应。

随着研究的日益深入，各种理论观点一一被提了出来，但都不能圆满地解释植物睡眠之谜。正当科学家们感到困惑的时候，美国科学家恩瑞特在进行了一系列有趣的实验后提出了一个新的解释。他用一根灵敏的温度探测针，在夜间测量多花菜豆叶片的温度，结果发现，呈水平方向（不进行睡眠运动）的叶子温度，总比垂直方向（进行睡眠运动）的叶子温度要低1℃左右。恩瑞特认为，正是这仅仅1℃的微小温度差异，成为阻止或减缓叶子生长的重要因素。因此，在相同的环境中，能进行睡眠运动的植物生长速度较快，与那些不能进行睡眠运动的植物相比，它们具有更强的生存竞争能力。

植物睡眠运动的本质正不断地被揭示。更有意思的是，科学家们发现，植物不仅在夜晚睡眠，而且竟与人一般同样也有午睡的习惯。小麦、甘薯、大豆、毛竹甚至树木，众多的植物都会午睡。

原来，植物的午睡是指中午大约 11 时至下午 2 时，叶子的气孔关闭，光合作用明显降低这一现象。这是科学家们在用精密仪器测定叶子的光合作用时观察出来的。科学家们认为，植物午睡主要是由于大气环境的干燥和炎热，午睡是植物在长期进化过程中形成的一种抗御干旱的本能，为的是减少水分散失，以利在不良环境下生存。

由于光合作用降低，午睡会使农作物减产，严重的可达 1/3，甚至更多。为了提高农作物产量，科学家们把减轻甚至避免植物午睡，作为一个重大课题来研究。

124

能耐干旱的仙人掌

水是植物的命根子。在异常干旱的热带和沙漠地区，水分偏偏又是奇缺，不要说人类难以在那里居住，就连其他生物也是极其稀少。可是，有一种耗水极省的仙人掌类植物，却被赋予得天独厚的抗旱本领，能够战胜那里的骄阳和热风，把热带和沙漠风光点缀得更加壮观美丽。

有人曾做过一个试验：把一棵 37.5 千克重的仙人球放在室内，一直不浇水。过了 6 年，那棵仙人球仍然活着，而且还有 26.5 千克重。也就是说，经过 6 年时间，它只消耗了 11 千克水。也曾有人发现，一棵在博物馆里活了 8 年的仙人掌，平均每年因生长而消耗掉的水分，

耐旱的仙人掌

仅占其总贮水量的 7%。仙人掌是怎样节约用水，抵抗干旱的呢？它为了减

少蒸腾的面积，节约水分的"支出"，叶片已经慢慢地退化变成了针状或刺状。绿色扁平的茎也披上了一件非常紧密的"外衣"——角质层，里面还分布着几层坚硬的厚壁组织，这样就有效地防止了水分的散发。更有趣的是，仙人掌表皮上的下陷气孔只有在夜晚才稍稍张开，这样便大大地降低了蒸腾速度，防止水分从身体里跑掉。

仙人掌类植物的茎长得厚厚的，变成肉质多浆，简直成了一个大水库。如果遇到一次阵雨，那又深又广的根系就拼命吸收，同时茎把输送来的大量水分贮存起来，以供常年干旱的需要。墨西哥有一种巨柱仙人掌，长得像一根根大柱子，有几十米高，体内能贮藏1吨以上的水分，过路人常常砍开仙人掌以解口渴。它那肥厚的茎是绿色的，能代替叶子进行光合作用，成为制造食物的工厂。正因为如此，仙人掌类植物能在干旱地区长期生存下来。墨西哥，人们称它为"仙人掌之国"。据说世界上已知的1000多种仙人掌品种中，一半以上可以在那里找到。由于仙人掌耐旱，须根特别长，墨西哥农民就利用它来防止水土流失，固定流沙，保护农田；有的种在宅旁作为篱笆，凭它身上的荆棘，既能防兽又能防盗。仙人掌的茎是墨西哥人民爱吃的蔬菜。最近报道，仙人掌还有某些医疗价值，对肺癌的治疗特别有效。

蝙蝠棕

在古巴，生长这一种棕树，高达12～14米，茎杆直立高耸，茎顶集生着许多羽状又长又大的叶子，形成伞状树冠，潇洒可爱。它的上部叶极为繁茂，朝上生长，鲜嫩青绿；下半部的叶子略显干枯，向下半垂。

在这种棕树茂密的枝叶间，白天藏匿着千万只蝙蝠，因此把这种棕树叫蝙蝠棕。在蝙蝠棕的周围有一层8～10寸（1寸＝3.33厘米）厚的蝙蝠粪，成为蝙蝠棕生长的良好肥料。蝙蝠和蝙蝠棕之间建立了很好的"交情"，当然蝙蝠是主动的，因为它要寻找适于它栖息的树木，才和蝙蝠棕结成了"好朋友"。蝙蝠棕也得到了好处，相得益彰。

有趣的是，每天傍晚到来时，又有成千上万只燕子飞抵过夜，和蝙蝠

125

"换房"。半个小时后，燕子卧好了，清脆的鸟鸣稀落了，代之而起的又是蝙蝠的叫声。夜幕逐渐降临，喜爱夜游的蝙蝠活跃起来，纷纷出窝，在树的周围翩翩起舞，好不热闹。

这种棕树是法国植物学家埃尔马诺·来翁在 1913 年首先发现，并由他定了学名，蝙蝠棕只是当地人对这种棕树的称呼。

蝙蝠棕

"发烧" 花

当人们在北极地区看到臭菘花在冰雪中盛开时，诧异之余，不禁疑窦丛生：这些花为什么会在那么冷的地方开放？

20 世纪 80 年代初，瑞典伦德大学三位植物学家为了解开这个有趣的谜而奔赴北极。经过调查，他们发现臭菘花盛开的原因是因为花朵内部能保持比寒冷的外界温度高得多的恒温。花儿为什么能"发烧"？三位瑞典科学家认为这跟它们追逐太阳有关。他们将生活在北极地区的仙女木花花萼用细铁丝固定，以阻止其"行动"，然后再在花上放一个带细铁丝探针的测温装置。旭日东升，气温升高时，被细铁丝固定的花朵内部温度要比未固定的低，因为未固定的花朵能随着太阳的运动而一直面朝太阳。因此他们得出结论：花儿向阳能积累热量，有利于果实和种子的成熟。美国加利福尼亚大学的植物学家沃尔则认为，极地花朵"发烧"是因为脂肪转化成碳水化合物释放热量所致。他观察到极地植物臭菘，在连续 2 星期的开花期间，漏斗状的佛焰苞把花中央的肉穗花序"捂"得严严实实，内部的温度竟然保持在 22℃，用向阳理论显然难以解释。经测定，沃尔发现臭菘体内存在一种叫乙醛酸体的特殊结构，它的内部是生物化学反应的最佳场所。当植物体内的脂肪转变成碳水化合物时，花儿就"发烧"了。可不久，沃尔发现在另一种叫喜林芋的"发烧"花儿内部并不存在脂肪转化为碳水化合物的过程。喜林芋"发烧"是靠花儿内部雄性不育部分的"发热细胞"。沃尔因此以为，花儿"发烧"是为加速花香的散发，从而更好地招引昆虫传粉。在寒气逼人的北极地区，一朵朵"发烧"的花就像一间间暖房引诱昆虫前来寄宿，从而借助昆虫完成传粉。但美国植物学家罗杰和克努森却有自己独特的看法。他们认为，这些花儿"发烧"不仅为了招引昆虫。更重要的是为了延长自身的生殖时间，只有这样，才能从容不迫地开花结果，延续后代。

花儿为什么"发烧"？至今尚无统一的说法。大多数人认为，在没有掌握更多的第一手资料前，断然下结论是不可取的。

127

神奇的"神木"

"神木"生长在俄罗斯西部沃罗涅日市郊外。说起神木的神奇之处，还得从300多年前发生的一场著名海战说起。

公元1696年，在当时俄国和土耳其交界的亚速海面上，爆发了一场激烈的海战。海面上炮声隆隆，杀声震天。俄国彼得大帝亲自率领的一支舰队，向实力雄厚的土耳其海军舰队发起了进攻。只见硝烟滚滚，火光冲天。当时的战舰都是木制的，交战中，不少木船中弹起火，带着浓烟和烈火，纷纷沉下海去。由于俄国士兵骁勇善战，土耳其海军慢慢支持不住了。狡猾的土耳其海军在逃跑之前，集中了所有的大炮，向着彼得大帝的指挥舰猛轰。顿时，炮弹像雨点一样落到甲板上，有好几发炮弹直接打中了悬挂信号旗、支持观测台的船桅。土耳其人窃喜，他们满以为这一下定能把指挥舰击沉，俄国人一定会惊惶失措，不战自溃的。不料这些炮弹刚碰到船体就反弹开去，"扑通""扑通"地掉到海里，桅杆连中数弹，竟一点也没有受损！土耳其士兵吓得呆若木鸡，还没有等他们明白过来，俄国船舰就排山倒海般冲过来，土耳其海军一个个当了俘虏……这场历史上有名的海战使俄国海军的威名传遍了整个欧洲。

彼得大帝的坐船为什么不怕土耳其的炮弹？是用什么材料做的？原来，这艘战舰就是用沃罗涅日的神木做成的。神木为什么这么坚固？当时，人们并不知道其中奥秘，只知道这是一种带刺的橡树，木材的剖面呈紫黑色，看上去平平常常的，一点也没有什么出奇之处。这些不起眼的橡树木质坚硬似钢铁，不怕海水泡，也不怕烈火烧。木匠们知道，要加工这种刺橡树木材，得花九牛二虎之力。当年，为了建造彼得大帝的指挥战舰，木匠们不知道使坏了多少把锯子、凿子和刨子。

亚速海战以后，俄国海军打开了通向黑海的大门。彼得大帝把这种神奇的刺橡树封为俄罗斯国宝，还专门派兵日夜守卫着刺橡树森林。沃罗涅日这座远离海洋的内陆城市，也因为生产神木，而以俄国"海军的摇篮"的名分载入了史册。

300多年过去了，关于神木的故事一直在民间流传，可谁也解不开其中的谜。

到了20世纪70年代，神木的传说引起了前苏联著名林学家谢尔盖·尼古拉维奇·戈尔申博士的重视，他决心用现代科学技术来解开神木之谜。

博士要做的第一件事就是测试一下神木的牢度，神木究竟是不是像传说中所描写的那样坚硬呢？为此，他在野地里用刺橡木板圈起很大一个靶场。靶场中央竖起2000多个刺橡木做成的靶子。谢尔盖对着神木靶子发射了几万发子弹，结果只有少数子弹穿透了靶子，绝大多数子弹都被坚硬的神木靶子弹了回来。

这个现象使博士非常惊奇，神木果真名不虚传！他取下几根靶上的木纤维，拿到显微镜下观察，结果发现，在木纤维的外面裹着一层表皮细胞分泌的半透明胶质，这种胶质遇到空气就会变硬，好像一层硬甲。用仪器分析胶质成分，结果表明，胶质中含有铜、铬、钴离子以及一些氯化物等，正是由于这些物质的存在，才使得这种刺橡木坚硬如铁，不怕子弹，不怕霉蛀。

为了测试刺橡木的耐火和耐水性能，博士用刺橡木做成了一个大水池，水池的接合部分用特种胶水胶合。池子内灌满海水，并把各种形状的刺橡木小木块丢进去，将池子封闭好，过了3年，谢尔盖打开了密封的水池，取出小木块。他惊奇地发现，池子里的木块好端端的，一块也没腐烂变形。博士又检查了池壁和池底，那儿的木质也是好端端的，没有损坏。这证实了神木的确不怕海水腐蚀。

另一个项目是测试防火能力。博士把一个刺橡木房屋模型投入炉膛，这时，炉里的温度是300℃。1个小时以后，他打开炉，模型竟原封不动的出现在他面前。原来，刺橡木分泌的胶质在高温下能生成一层防火层，并分解成一种不会燃烧的气体，它能抑制氧气的助燃作用，使火焰慢慢熄灭！

植 物 的 报 复 行 为

129

一种叫做"库杜"的非洲羚羊，放牧在南非几处观赏牧场里，可是没过多久，它们却接二连三地相继死去。为了寻找原因，有关科学家来到牧场，对周围的环境进行观察，并做了一些试验，发现羚羊之死，是缘于这里的一种叫金合欢树的报复行为。原来在牧场里觅食的羚羊啃吃了金合欢树叶，被吃的树上叶子立即释放一种毒气，飘向其他树叶。得到警报的其他金合欢树叶便迅速作出反应，产生出高剂量含毒的丹宁酸。羚羊津津有味地吃下金合欢树叶后，便一命呜呼。

南美洲秘鲁南部山区有一种像棕榈般的树，巨大的叶子长满了又尖又硬的刺。在天空中飞来飞去的鸟儿，累了，便停下来休息会儿。哪知，这树以为鸟侵犯了它，于是便乘机报复，用尖刺将鸟刺伤或刺死。

欧洲阿尔卑斯山的落叶松，当繁育的嫩苗被羊群吃后，便很快会长出一簇刺针来，一旦羊群再犯，它们会刺中羊的身体。羊群只得退让三舍。有趣的是，被羊群吞食之后新长出的嫩苗，在刺针的拥护下，成长起来，一直长到羊群吃不到的高度才抽出枝条来。

植物世界的穷争恶斗

如同人与动物一样，植物之间也常会发生敌视和攻击，甚至把对手杀死。这一现象近年来已引起科学家的高度关注。

"许多植物跟动物一样，拼命扩大自己的领地，繁殖后代，把其他植物赶尽杀绝，影响了自然界的生态平衡。"中科院昆明植物研究所的植物化学生态学家专家说，研究植物"相生相克"，已成为国际上的热门学科。

根据有关专家研究，桉树是一种可畏的植物，它分泌出一种挥发性物质，"相克"作用非常强。

昆明附近有一种杂草，它的分泌物可以抑制其他植物的生长，自己则迅速繁殖，占据地盘，以致成灾。

与动物主要用物理方式实施攻击不一样，植物主要靠释放化学物质来威胁敌手。但有一些山藤也会盘绕在大树上，直接吸食树的营养物质，使树杆中空死掉。

昆虫和牲畜有时也会被植物的有毒气体伤害，人吃了某些有毒植物会死亡，这已多有报道。令人奇怪的是，一些植物在毒杀别的植物时，也会发生"自毒"——把自己及后代毒死。

当然，一些植物更乐于相生。一种蕨类附生在油棕树上，靠油棕树分泌的物质来刺激自己的生长，而对油棕不会产生有害影响。

有关专家解释说："植物的这种进攻和防御本领，可能是生命在千亿年竞争进化过程中自然选择的结果。其目的是为了避免惨遭淘汰。但其深层道理还有待深入研究。"

植物也有"脉搏"

近年，一些植物学家在研究植物树干增粗速度时发现，它们都有着自已独特的"情感世界",还具有明显的规律性。植物树干有类似人类"脉搏"一张一缩跳动的奇异现象,或许有一些人会问,植物的"脉搏"究竟是怎么回事?

原来,每逢晴天丽日,太阳刚从东方升起时,植物的树干就开始收缩,一直延续到夕阳西下。到了夜间,树干停止收缩,开始膨胀,并且会一直延续到第二天早晨。植物这种日细夜粗的搏动,每天周而复始,但每一次搏动,膨胀总略大于收缩。于是,树干就这样逐渐增粗长大了。

可是,遇到下雨天,树干"脉搏"几乎完全停止。降雨期间,树干总是不分昼夜地持续增粗,直到雨后转晴,树干才又重新开始收缩,这算得上是植物"脉搏"的一个"病态"特征。

如此奇怪的脉搏现象,是植物体内水分运动引起的。经过精确的测量,科学家发现,当植物根部吸收水分与叶面蒸腾的水分一样多时,树干基本上不会发生粗细变化。但如果吸收的水分超过蒸腾水分时,树干就要增粗,相反,在缺水时树干就会收缩。

131

了解这个道理,植物"脉搏"就很容易理解了。在夜晚,植物气孔总是关闭着的,这使水分蒸腾大大减少,所以树就要增粗。而白天,植物的大多数气孔都开放,水分蒸腾增加,树干就趋于收缩。有相当多木本植物都有这种现象,但是,"脉搏"现象特别明显的还当属一些速生的阔叶树种。

植物的"情感"

1966 年 2 月,有一个叫巴克斯特的美国人,他不是研究植物的学者,而是美国中央情报局的专家。有一天,他在给院子中的花卉浇水时,脑中突然闪出一个古怪的念头:用测谎仪的电极绑在植物叶片上,测试一下,看看水从根部上升到叶子的速度究竟有多快。结果他惊异地发现,当水徐徐上升时,电压渐渐下降,而指示曲线则急剧上升。更有意思的是,这种曲线图形,竟与人类在激动时测到的曲线图形相似极了。

难道植物也有"情绪"?如果真的有,那么它又是怎样表达自己的"情绪"呢？尽管这好像是个异想天开的问题，但巴克斯特却暗下决心，要通过认真的研究来寻求答案。

巴克斯特的研究引起了科学界的巨大反响，可是在当时，许多科学家认为难以理解，他们表示怀疑，甚至认为这种研究简直有点荒诞可笑。

不久之后，一位原先根本不相信植物有"感情"的科学家弗格博士，在一次实验中发现，当植物被撕下一片叶子或受伤时，会产生明显的反应。于是，弗格一改原来的观点，在一次科学报告会上指出，植物存在着一种可测量到的"心理活动"，通俗地说，就是植物会"思考"，也会"体察"人的各种感情，假如我们在这一领域进行更深入、更广泛研究的话，还可以按照性格和敏感性对植物进行分类，就像心理学家对人类进行分类那样。

几乎在差不多的时间，前苏联科学家维克多，在探索植物"感情"的研究中，又向前迈进了一步。他先用催眠术控制一个人的感情，将处于睡眠状态的试验者右手，通过一只脑电仪，与附近植物的叶子相连。随后，他对试验者说一些愉快或不愉快的事情，使试验者高兴或悲伤。这时，从脑电仪的记录仪看到，植物和试验者居然产生类似的反应。后来维克多还发现，当处于睡眠状态的人高兴时，植物便竖起叶子，舞动花瓣；当说起寒冷而使试验者浑身发抖时，植物叶子也会索索发抖；倘若试验者万分悲伤，植物便会沮丧地垂下叶子。

一连串神奇的新发现，使科学家们感到越来越难以理解，假如植物确实有丰富的"感情"，那么，它岂不是也会像人类那样产生活跃的"精神生活"？人们对这项研究的兴趣日趋浓厚。

1973年5月，加拿大渥太华大学生物学博士瓦因勃格，每天对一种叫莴苣的蔬菜做10分钟超声波处理，结果长势比没受处理的莴苣要好。后来，美国路易斯安那州的一名研究人员史密斯，有意对大豆播放《蓝色狂想曲》音乐，大约20天后，听音乐的大豆秧苗重量高出未听音乐的1/4。显然，植物喜欢听轻松愉快的音乐，也许正是这类音乐激发起了植物的某种"感情"，从而促使它们加快生长。

就算植物有"感情"，可它们又是怎样表达出来的呢？1983年，美国华盛顿大学两位生态学家奥律斯和罗兹，在研究受害虫袭击的树木时发现，植物在这样的情况下，不仅会产生"恐惧感"，而且还会往空中传播化学物质，对周围邻近的树木传递警告信息。

根据大量录音记录的分析发现，植物似乎有丰富的感觉，而且在不同的环境条件下，会发出不同的声音。例如有些植物声音会随房间中光线明暗的变化而变化，当植物在黑暗中突然受到强光照射时，能发生类似惊讶的声音；当植物遇到变天刮风或缺水时，就会发出低沉、可怕和混乱的声音，仿佛表明它们正在忍受某种痛苦。在平时，有的植物发出的声音好像口笛在悲鸣，有些却似病人临终前发出的喘息声。还有一些原来叫声很难听的植物，受到温暖适宜的阳光照射后，或被浇过水以后，声音会变得较为动听。

尽管有以上众多的实验证据，但关于植物有没有"感情"的探讨和研究，依然没有得到所有科学家的肯定。不过在今天，不管是有人支持还是有人反对、怀疑，这项研究已成为一门新兴的学科——植物心理学，进入到科学殿堂的大门。当然，正因为它是一门刚刚诞生的新学科，里面便有无数值得深入了解的未知之谜。

植物神奇的"自卫"

植物在遇害时能不能像某些动物那样奋起自卫？不少科学家正想方设法对此作出满意的答复。

1970年，美国阿拉斯加州的原始森林中野兔横行，它们疯狂地啃食嫩芽、破坏树根，严重威胁植物的生存。人们绞尽脑汁围捕野兔，但收效不大。就在这时，奇迹出现了，野兔们集体闹起肚子，死的死，逃的逃，几个月后森林中再也见不到它们的踪迹。原来，兔子啃过的植物重新长出的芽、叶中产生了大量叫"萜烯"的化学物质，野兔吃了它，厄运就降临了。1981年，同样的事情再度重演。一种叫舞毒蛾的害虫袭击美国东部的橡树林，400亿平方米的橡树叶子在短短的时间内被啃得精光。严重的灾情使林学家们感到一筹莫展，因为对付舞毒蛾这种危害强烈的害虫，任何措施都无济于事。可奇迹又出现了，植物的"自卫"使橡树林在遭灾一年后又恢复了青春。橡树叶的化学成分分析表明，虫咬前叶子所含的单宁酸并不多，被舞毒蛾噬咬后，橡树叶中单宁酸含量大增。它一旦跟害虫胃内的蛋白质结合，舞毒蛾就很难消化橡树叶，变得病恹恹的，或一命呜呼，或被鸟类啄食。

英国植物学家厄金·豪克伊亚发现白桦树和枫树也会"自卫"：受到害虫进攻后，几小时或几天内就能生成酚类、树脂等杀虫物质。有趣的是，美国科学家还发现，受害的柳树、糖槭等植物会通过散发挥发性物质，向远处的伙伴发出入侵的警报，及时通知同类做好集体自卫的准备。

植物既无神经，也无意识，它们是如何感受到害虫侵袭的？又是如何适时调整，合成对自身无害、而对害虫却有威胁的化学物质？它们又是如何发出和接收入侵"警报"的？这些至今还是难解的谜。

神奇的自然现象

罕见的奇风怪雨

我们生活的这个星球，每时每刻都有神奇的事发生，下面就让我们来看看世界上罕见的奇风怪雨。

在印度曾发生过这样一件事。有一天，西北风带来一大片黑压压的雷雨云，狂风暴雨向大地扑来。就像下大冰雹一样，从天上撒下一种长圆形闪闪发光的东西，人们看清了，是鱼，"天上掉下鱼来啦！下鱼雨了！"，到处有人喊着。人们亲眼看见了神话中魔鬼的所作所为，

从天而降的各种动物

简直吓坏了。许多人双膝跪地，虔诚地向上帝祈祷。

这件奇闻传到了印度首都，许多报纸立即派了记者到落鱼雨的乡村采访。许多目睹者被采访。他们异口同声地说亲眼见到一大群鱼从天而降，而且都是些当地从未见过的很特别的鱼。

美国鱼类学家哈杰博士对这件事很感兴趣。他搜集了很多这样的事例，显然鱼儿在天空漫游并不是绝无仅有的事，但是，究竟是什么力量把它们送上天空，又把它们和暴雨一起倾泻下来的呢？

有些科学家认为，这种现象可能是飓风造成的，也有人不这样认为。在中世纪的编年史中还记载着各种"血雨"的奇异现象。据载，在一个偏僻的小村庄里，一天突然落下了"血雨"。这个消息很快就传开了，给惊慌失措的居民心中布下了阴郁和恐惧。后来，很多人对此曾有怀疑。但科学家研究表明，天上确实能降"血雨"。但这些"血雨"是如何形成的呢？人们众说纷纭。有人认为，这些撒落在地面的是一种昆虫，叫"山植粉蝶"。这种粉蝶从蛹变成虫时，将它的肠子丢弃，排出两三滴血一样鲜红的液体在叶子上，逐渐干涸，于是长久地保存在那里。在酷热干燥的夏天，如果日久无雨，这种粉蝶就会大量繁殖。凡是有它们繁殖踪迹的树叶上都覆盖着一层干涸的鲜红色。这时，只要一阵暴雨过后，把枝叶上的红色冲刷一空，于是鲜"血"就滴了下来。

还有人认为，某些地区的雨水洼忽然变得鲜红，好像水里撒了胭脂红一样。这是因为雨水洼里有一种非常微小的藻类，这种藻类在缺氧时体内的叶绿素就会变成血色素。这种过程的变化是非常迅速的，所以整个水洼一下子便会由绿色变为红色。也有人认为是旋风把一些带红色的水卷进雨云中，"血雨"便会从天而降。

神奇的大自然呈现出千奇百怪的面貌，给我们人类也留下了一个个难解的谜。

燃烧的海浪

水火不相容，是众所周知的常理。然而，大千世界无奇不有，违反常理的奇事竟也真是不少。

在加勒比海北部，佛罗里达半岛以东的海面上有一个大巴哈岛。在这个岛上有一个神秘的湖，这个湖就是人们所说的"火湖"。在这里，每当太阳落山、黑暗来临之后，就在那微风吹拂的湖面上闪烁起无数的火花；跃出水面的鱼也会荧光闪闪、满身带火；泛舟湖上那摇动的船桨拍打着水面，也会击起无数飞跃的火星，船尾拖出的长长水浪也会变成一条火的尾巴。

在我国，人们也曾见到过河面起火的奇妙现象，那是 1987 年 9 月 13 日傍晚，在江苏省丰县宋楼乡附近的一条子午河上，一段长 30 米、宽 20 多米的水域，人们竟发现它喷射出耀眼的火花，高达 4～5 米。随着火花的喷射迸发出呼呼的声响，犹如节日的焰火映红了天空。河水里的游鱼、青蛙等在这喷射的火焰中纷纷丧生，这奇异的喷火现象一直持续到 9 月 16 日黄昏，达近 100 个小时。它那壮观的景象远远超过了"火湖"那微弱的火势。

但更令人感到难以置信的是在那波涛汹涌的海面上所燃起的通天大火。1976 年 6 月的一天，法国气象工作者从气象卫星上接收到奇特的彩色照片。从对这张照片的分析中人们发现在大西洋亚速尔岛的西南方海面上，一排排山峰般的巨浪上燃烧着通天大火，使人惊叹不已。同样，在印度东南部的安德拉邦马德里斯海湾附近的海域里，也曾发生过海浪巨火，那是 1977 年 11 月 9 日，海面上突然刮起一阵飓风，接着在海浪咆哮中的海面上，骤然燃起了一片滚滚的通天大火，熊熊燃烧的火光映照周围数十千米，持续了 20 多天之久。目击者看到，燃烧的海水通红沸腾，其景色十分壮观。

137

这许多神秘的水上起火的未解之谜，吸引了许多科学家们的目光，他们纷纷对上述这些现象进行了研究，对各自不同的起火原因，做出了各自不同的解释。关于"火湖"水面上之所以能火光闪闪，许多科学家解释为：是由于湖水里长着大量的会发荧光的细菌，由于这种荧光极弱，所以只有到了晚上人们才能看到。对于这些细菌的发光，科学家们也有所发现，原来在这些发光的细菌体内，存有一种荧光素和荧光酶。在荧光酶的催化下，荧光素和氧气结合，生成氧化荧光素，其化学反映所产生的能量以光的形式释放出来，因而就发出了光。而海水燃烧的秘密是，当飓风以 280 千米/时的高速在海面上疾驶时，会激起滔天巨浪，风与海水发生高速摩擦，从而产生巨大的能量，使水分子中的氢原子和氧原子分离，在飓风中电荷的作用下，原子便发生爆炸和燃烧，再加上空气中氧的助燃，海面上即燃起熊熊烈火。

但是，对于河面喷火原因虽议论纷纷，但至今还无定论。有些人推测认为：在河流的地层深处贮藏着大量的天然可燃气体，由于地层的变动，导致天燃气外泄，又由于地心热力超过了天燃气的燃点，以至天燃气接触氧气后而自动燃烧，从而形成了高达 4～5 米的喷火奇观。这一推测虽很有道理，但终归是一种假说，没有任何事实来作证据，还不能算作谜底。那么，这河水为什么能够喷火呢？这至今仍是个未解之谜，等待人们去揭开。

南极上空的"空洞"

1980 年，举世瞩目的南极考察的科学家们，在考察中意外地发现，对人类具有特殊重要意义的臭氧层，正在变薄，以至出现了洞窟。这一发现，无疑引起全世界的注视。

我们知道，地球是一个在宇宙空间中旋转的巨大岩石球，在它的外面包围着一层大约有数百千米厚的空气层，即大气层。从地面算起，大气层包括对流层、平流层、中间层和热层。在高于地面 8～18 千米的对流层内，空气的流动，给人类带来风、霜、雨、雪的气候变化，也就是说，影响天气的主要大气现象都发生在对流层。而平流层中厚达 30 千米的臭氧层，能够保护我们人类不受太阳紫外线的辐射，是地表生物的天然保护屏障。就是这样一层对人类至关重要的臭氧层，如今却出现了窟窿，究竟是谁"破坏"的呢？导致"空洞"的直接原因是什么呢？

来自不同国家的科学家对此进行种种推断和分析。有些科学家认为现代化工业的发展，从另一方面来讲为大自然带来了某些超负荷的

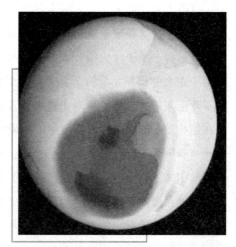

南极空洞

因素。如资料表明：每一次的核试验，其爆炸都在同温层排出大量不可避免的污染物；大型喷气式飞机，当它在高空频繁飞行中释放出的碳氢化合物和废气也是超常的；现代制冷业的发达，使其各种制冷机在运转过程中排放出大量的氟氯烃。据统计，全球每年有大约 70 万吨的废气释放飘逸进入大气之中，而这些释放出来进入大气层中的废气，很可能导致臭氧的被分解。于是，用来防止危害生命的太阳紫外线辐射的大气层中的大量臭氧出现"溃疡"。

难道南极上空出现的这个"空洞"，真的是由人类生产排放出的各种废气造成的吗？科学家看法并不一致。

1986 年平流层温度开始回升趋势，臭氧也慢慢变多，1980 年发现的那个"空洞"似乎正在弥合。因此，有些科学家认为将造成臭氧层被破坏的原因归结到人类生产

南极的上空

释放的废气，似乎有些证据不足。但是，南极上空出现的"空洞"究竟是怎么回事，至今还是个难解之谜。

奇异的雪

六月飞雪

我国古代就有六月飞雪的反常现象。周代的《六韬》一书中有相关的记载；《汉书·五行志》记载了元帝永光元年（公元前 43 年），从农历三月到九月就一直是雨雪天气，使庄稼颗粒无收；据考证，我国在公元 537 年也发生过一次长达数月的夏雪天气，以致天下饥馑。夏季本应是酷热难当，却出现了寒冷的天气，这是怎么回事呢？

一些科学家认为，这是由于大规模的火山爆发造成的。火山爆发时可产生达数百万吨的火山灰，上升至大气高层，飘散到世界各处，一连数月遮天蔽日。它导致白天太阳无光，夜间不见星星，还使得许多地区出现冬季天气。据研究，公元 537 年中国发生的那次夏雪天气，是由于新几内亚东南部的一次火山喷发造成的。"六月雪"虽属罕见，但也有其科学的道理。青藏高原地区，天气多变，虽是六七月天，下大雪也是平常事。

山上六月的雪

离奇的彩雪

日常所见的雪都是白色的，我们也常用"皑皑白雪"来形容，好像雪的颜色已经被界定，就是白色的。其实，雪也有彩色的。我国的西藏察隅、德国的海德堡和南极等地就曾下过红色雪；内蒙古下过黄色的雪；北冰洋斯比兹尔下过绿色的雪；更让人不可思议的是，意大利挑罗台依和瑞典南部竟下过乌黑的雪……这时呈现在我们眼前的仿佛是一个五彩缤纷的雪的世界。

那么彩雪又是如何形成的呢？那是因为彩雪中掺杂了有颜色的物质的缘故。在寒冷地区，藻类的分布范围比较广，种类也多种多样。其中，含有叶绿素的藻类呈绿色，含有红色的藻类呈红色，含脂肪非常多的是黄色藻类。这些藻类自身较轻，再加上大风的作用，很容易沸沸扬扬飘向高空，当与空中的雪片黏合时，不同的藻类就将雪染成了不同的颜色。海德堡的红雪就是由于被风吹向空中的铁质混合物，混合在雪花中形成的；挑罗台依黑雪是由许多黑色小虫黏在雪上形成的；瑞典南部的黑雪则是白雪中混合了煤屑、粉尘；内蒙古等地的黄雪则是由风沙刮进雪中形成的。

"西边日高东边雨" 的现象

西边晴空万里，东边却倾盆大雨，这种现象常出现在夏日的午后，即"西边日高东边雨"。这种奇怪的天气现象是怎么形成的呢？

在夏天，由于日晒增强，大地表面气温不断升高。尤其午后一两点钟，是一天中温度最高的时候。这时含大量水蒸气的热空气因受热而

西边日出东边雨

不断上升，形成大块的浓积云。浓积云继续上升到 7～8 千米的高空时，就形成了雷雨云。由于高空温度降低，使云团中的大量水蒸气凝结成水滴，水滴落地便形成雨。而这时的雷阵雨又大都由西向东运动，所以，西边的坏天气也要往东边跑，这样就出现了几乎是在同一时间，东边下着雨，西边却是艳阳高照的景象。

佛光与地光

佛光，又叫"峨嵋宝光"，它是一个巨大的七彩光环，光环中还有人的影子。观看佛光的人举手、挥手，人影也会举手、挥手，此即"云成五彩奇光，人影在光中藏"的景象，神奇而瑰丽。佛光显现时，由外到里，按红、橙、黄、绿、青、蓝、紫的次序排列，其直径为 2 米左右。有时阳光强烈，云雾浓且弥漫较宽时，则会在小佛光外面形成一个同心大半圆佛光，直径达20～80 米。佛光到底是怎么一回事呢？

佛光是自然界中的一种光学现象，它的出现必须具备 3 个条件：阳光、云雾、地形。只有当太阳、人体和云雾三者处在一条倾斜的直线上时，方能产生佛光效应。佛光是由太阳光与云雾中的小水滴经过衍射作用形成的。当佛光产生时，会出现一种圆形的彩色光带，它的大小

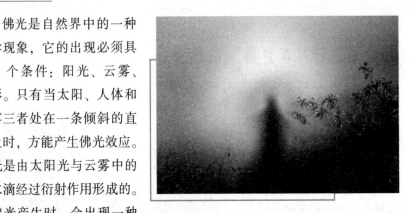

峨眉佛光

与阳光的强烈程度和云雾的浓薄有关。它的出现时间长短也取决于阳光是否被云雾遮盖和云雾的稳定性。

至于佛光中的人影，则是太阳光照射人体后在云层上所形成的投影地光，是在地震前的一段时间里发生的闪光现象。例如1975年2月4日，在我国辽宁海城发生7.3级地震。就在这天晚上，海城地区上空大雾弥漫，能见度很低，公路上的汽车只有打开雾灯才能勉强行驶。

地光

地 光

当发生地震时，出现了强烈的地光，使整个天空都变亮了。地光，是地震前的征兆。

科学家认为地光的产生与大气圈、岩石圈和水圈都有关系。地震过程，是地球释放能量的过程。由于地球不停地转动，促使地壳中的岩石发生变形。与此同时，岩层也产生出一种反抗变形的力，叫作地应力。随着岩层变形，地应力不断增加，当这些渐变积累到一定程度后，岩石突然破裂和错动，释放出大量能量，形成地震波。地震波有高频波和低频波之分。这

142

些波就是形成地光的一个原因。

神秘的"厄尔尼诺"现象

每当圣诞节前后，南美的秘鲁和厄瓜多尔沿海的表层海水常常会出现增暖现象，当地人把这种现象称为"厄尔尼诺"，即西班牙语"圣婴"的意思。在"厄尔尼诺"现象发生的时候，海水增暖往往从秘鲁和厄瓜多尔的沿海开始，接着向西传播，使整个东太平洋赤道附近的广大洋面出现长时间的异常增暖区，造成这里的鱼类和以浮游生物为食的鸟类大量死亡。由于海水增温，也导致海面上空大气温度升高，从而破坏了地球气候的平衡，致使一些地方干旱严重，另一些地区则洪水泛滥。这种现象每隔 3~5 年就会重复出现一次，每次一般要持续几个月，甚至一年以上。"厄尔尼诺"现象会给人类带来一系列灾难。

有人从自然现象上试图找到这种现象的原因。一些人认为是由于太平洋赤道信风减弱，造成了"厄尔尼诺"现象。另一些人认为是由于西太平洋赤道东风带的持续增强，造成了太平洋洋面西高东低的局面，才形成了"厄尔尼诺"现象。还有一些人认为，由于东南和东北太平洋两个副热带高压的减弱，分别引起东南信风和东北信风的减弱，造成赤道洋流和赤道东部冷水上翻的减弱，从而使赤道太平洋海水温度升高，形成了"厄尔尼诺"现象。还有人从地球的运动方向上找原因。持这种看法的人认为，"厄尔尼诺"现象的出现，与地球自转速度大幅度持续减慢有关，一般出现在地球自转由加速变为减速的时期。关于"厄尔尼诺"现象的成因，能有这么多种说法，说明至今还没有一种具有绝对说服力的权威观点，还需作进一步的研究和探讨。

1982~1983 年的冬季，生活在秘鲁沿海太平洋中的鱼是鱼纷之逃向大海深处，使原来丰富的渔业资源一落千丈，该国的捕鱼业顿时破产。奇怪的是，秘鲁发生鱼灾的同时，世界各地以至全球的气候都发生了异常。有的地方一年不下一场透雨；有的地方水灾连连。亚洲不少地区久旱无雨，天气干燥，仿佛烧烤一般；欧洲和美洲的一些地区却暴雨成灾……

气候为什么会发疯？人们纷纷推测其中的原因。

有人说，那两年太阳黑子活动频繁，引起了地球上天气系统的变化。也有人说，地球上火山活动增多，在空中形成了火山灰层。火山灰层又变成了许多奇特的云彩。它在地球的上空飘动，经久不散，影响了气候变化……

他们的推测各有各的道理，但总让人觉得没找准真正影响气候变化的原因。

就在秘鲁发生那场严重的渔灾时，研究天气异常的科学家也把注意力转向那支不寻常的暖流上。随着研究的深入，他们越发深信不疑，全球气候变坏，就与这支暖流有关。

真是厄尔尼诺引起气候发疯吗？人们打开历史的案卷，真相大白了。在档案里，气候异常的年份都记载在册，厄尔尼诺出没活动的年份也记录在案。以前人们没有研究过它们之间的关系，现在才发现，它们常常先后出现，竟然配合如此默契。

一支太平洋东部的赤道暖流，为什么能破坏大气环流的正常工作，影响气候的变化呢？

原来，浩瀚的大海是地球上温度和湿度的调节器。天气变化的主要原因是由于大气受热不均匀。海洋向大气不断提供着热量。海洋自身温度升高了，它提供给大气的温度就多；反之，海洋自身的温度下降了，给大气的热量就比较少。海洋面积巨大无比，它对热的容量比空气大。要是把 1 立方厘米的海水降温 1℃，放出的热量可以使 3000 立方厘米的大气气温升高 1℃。同时海水是流体，海面的热可以传到深层，使厚厚的海水都来贮存热量。如果让全球海洋里 100 米深的表层海水降温 1℃，放出的热量可供整个地球的大气增温 6℃。

这么说来，秘鲁海域海水增温对大气环流的作用真不小。太平洋东部和中部的热带海洋，对地球大气的影响就更明显了。它不仅影响了附近的天气，通过大气环流，还会影响到遥远的地方，遍及地球的各处。厄尔尼诺，这支小小的赤道暖流，牵动了大气舞台的风云变幻，真令人不安！

科学家研究厄尔尼诺的形成原因，想方设法弄清它的活动规律。他们在各个不同的领域研究，从各个方面对这支暖流的形成提出不同的见解。比如有的科学家认为，厄尔尼诺的出现是由于地球上东南信风变弱的缘故；有的气象学家说，厄尔尼诺的出现与地球自转减慢有关系。

曾有两位美国地质学家，提出了自己独到的见解。他们用声波定位仪，在夏威夷群岛和东太平洋一带的海底进行测量。通过一些数据，使他们发现了这一带海底的一个秘密。原来，这里的海底蕴藏了很多火山，火山正在喷发大量的熔岩。巨大的热流体随着熔岩的喷发，源源不断地涌入海洋，使海水的温度升高了。这种现象告诉人们，东太平洋一次又一次出现的奇怪暖流——厄尔尼诺，可能就是海底火山喷发提供的热量。

科学家们一直在密切地注意着这股暖流的动态，有信心揭开它的秘密，并准确预报它的到来。

自然界的"钟"

鸟"钟"

在南美洲的危地马拉，有一种第纳鸟，它每过 30 分钟就"叽叽喳喳"地叫上一阵子，而且误差只有 15 秒。因此，那里的居民就用它们的叫声推算时间。

虫"钟"

在非洲的密林里，有一种报时虫，它每过 1 小时就变换一种颜色。在那儿生活的家家户户就把这种小虫捉回家，看它变色以推算时间。

驴"钟"

我国黄海湾里有一小岛上的驴能报时，它每隔 1 小时就"嗷嗷"地叫一次，误差只有 3 分钟。

树"钟"

南非有一种大叶树,它的叶子每隔2小时就翻动一次。因此,当地居民取其名为"活树钟"。

花"钟"

南美洲的阿根廷,有一种野花能报时,每到初夏晚上8点左右便纷纷开放。在我国新疆的草原上,生长着一些奇特有趣的花,其中淡黄色的小圆花在早晨7~8点钟开放,橙红色的蝶形花则开放于中午12时,而白色小花则到了晚上7~8点钟准时开放,这些花开放的时间固定不变。

泉"钟"

内格罗湖泊有一股喷泉,每天早7点、中午12点、晚7点准时喷射3次。

石"钟"

澳大利亚中部的沙漠中,屹立着一块坚石。它每天很有规律地改变着自己的颜色,早晨呈棕色,中午呈灰蓝色,晚上呈鲜红色。当地居民以它推算"标准时间"。

会报时的植物

雨"钟"

印度尼西亚爪哇岛上的土隆加贡地区,每天下午3时左右和下午5时30分左右都准时降一场雨,正巧是当地小学生下午上学和放学时间。

魔鬼的漩涡

世界上最大、又最具魔力的漩祸，要属北欧挪威的萨特漩涡。萨特漩涡，位于北极圈稍北的斯陀海峡的岸边。斯陀海峡水深90多米，长约1800米，它的最狭处也有135米，在大潮期间，它的最快流速可达20千米/时以上。每天，斯陀海潮涨2次，每次潮涨潮落，有大量的海水"挤"过海峡，这时就会看到有无数个小漩涡在海面出现，漩涡越变越大，流速也越来越快。一般的漩涡直径大都在10米左右，而大的漩涡可达到30米以上。在快速旋转的漩涡中心，常常会出现深度在8~10米左右的大大的空洞，它黑乎乎的使人感到深不可测。在漩涡出现这个大大的黑洞的同时，你还会发现在急速旋转的漩涡上空，回荡着阵阵的"呜呜"、"通通"的凄厉可怖的呼啸声。

随着萨特漩涡的出现，凡是经过此海峡的任何船只都无法通行。1905年曾有一艘瑞典运输铁矿石的大船"英雄号"，在此海峡通过，正遇海潮涨落。他们试图冲过一个个大漩涡，结果船被折毁，几名船员及船长被海水奇迹般地抛向一个小岛才幸免于难，但船骸却无影无踪。在长达150年的时间里，多少捕鱼人也未能免于这种灾难。

对于这种变幻莫测的萨特漩涡，当地居民认为那是"魔鬼玩弄的圈套"，是"惩罚强盗的陷阱"；尤其是那个黑黝黝的深洞，人们说那是"魔鬼的喉管"，虽然当地居民无法解释清漩涡的变幻，却从某种意义上为萨特漩涡增添一层传说的神秘性。

也有人认为海水在这里被吸进

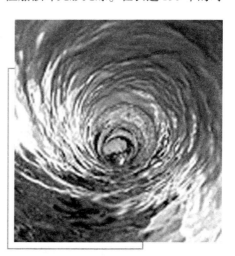

魔鬼漩涡

147

地心，再从地球的另一端"吐"出来。众说纷纭的推测都没能揭示萨特漩涡变幻的奥秘，但有一点却是无可争议的，那就是遵守"上帝安排的时间"，航行便万无一失。

神秘的影像消失

南极是世界最南端。在那里是一个千里冰封的大洲，是一个一望无际的冰雪荒原。

有一天，两个身穿白色衣服的探险家并肩走在这片白茫茫的雪地上。他们边走边谈，仿佛置身在一片雪白的世界：空气是白色的；大地和天空连成一片也是白色的；迎面吹来的风也由于卷着雪花而呈现白色。正当他们谈话谈得十分投机的时候，其中一位探险家突然发觉正与自己并肩谈着话的同伴不见了，似乎是那稀薄的白色空气把他溶化掉了。但是，"失踪"的那位同伴照常与他在谈着话，只是"失踪"人不知道他的同伴已经觉得他变成了一个虚无缥缈的"鬼魂"而已。他的声音没有变，也还是从原来的地方发出来的。

影像消失之处

他们就这样照常谈了一阵，没有多久，这位"失踪"的探险家的身影又重现在同伴的眼前，似乎什么也没有发生过一样。

这种影像消失的现象只有在南极天空布满白云，大地都是白色的时候才会发生。经过科学家研究，这可能是天上的白云引起的一种"多重反射"的物理现象。这时天地之间积聚的光越积越多，如同温室中的热度越积越高一样，结果使影像被光线掩没了，造成与"黑暗"相反的情况，也就是绝对光亮的境界。与"黑暗"相对而言，我们不妨把这种完全光亮的状况称为"白亮"。

在"白亮"状况下，光线扩散到各处，一切都没有阴影，整个环境完全处于没有光暗比例之中，以致无法估量白色物体的轮廓、大小和距离，因此影像消失了。

奇　烟

我国古典神话小说《西游记》的主人公——唐僧师徒四人，在往西天取经的途中，不知遇到过多少妖魔鬼怪。这些妖魔鬼怪常常是忽而出现、忽而隐没在奇烟怪雾之中。当唐僧师徒误入魔洞时，更是随着恐怖的隆隆巨响，妖烟四起……

那么，在自然界里，万山丛中是否有这种令人望而生畏的奇烟怪雾呢？看来，这并非《西游记》作者吴承恩的凭空想象和任意虚构，这种神秘莫测的自然现象虽然罕见，但还是有的。

美国阿拉斯加州是个多火山地区。奥古斯丁火山、卡特迈火山是该区的活火山，以常常喷发而著称于世。卡特迈火山1912年大爆发以后，科学家曾前往考察。他们在这座活火山西北约10千米处，发现一条宽8千米、长约16千米、面积约100多平方千米的地带，被火山灰所覆盖，满布着成千上万个喷气孔，有一排竟长达1000米以上。伴随着令人恐怖的隆隆巨响，喷气孔

奇　烟

不断向上空喷出混杂着火山灰的炽热气体。气体在高压气流的带动下，以飓风般的速度，咆哮着向山谷下方推进，以雷霆万钧之力，把沿途的树木全部推倒。有如妖魔出动，令人胆战心惊，望而却步。在山谷上部，烟柱更为密集，致使谷地完全为浓烟所笼罩，所以地质学家称之为"万烟之谷"。

当然，奇烟怪雾并不都是由火山活动造成的。我国湖南省南丹矿务局铜坑锡矿采矿区，就有一股滚滚奇烟，从地下升腾而起，烟柱高达 1000 米以上，几乎与云脚相接，覆盖了近 3 平方千米的地区。这股奇烟究竟缘何而起？有关地质人员进行过考察，证明这是由于矿层自燃引起的。浓烟由 3 个直径 10 米、深约 20 米的"魔洞"吐出，烟色白里夹黄。

这个矿层自燃已延续了 9 年，冒烟处最高温度可达 196℃，是目前我国矿山自燃温度最高的火区。人们曾采取封闭、灌水等措施，试图扑灭这场地下大火，但收效甚微，始终未能控制住火势。

最常见的山中奇烟是由山中的煤层自燃引起的。唐僧师徒四人，沿新疆古道西行，途经吐鲁番火焰山一带，这里山中因煤层自燃而产生的缕缕奇烟不时可见。煤层自燃常常数十年以至上百年不熄，致使某些地区终年烟云缭绕，真是名副其实的"地狱之火"。吴承恩写《西游记》时，可能从这种神秘莫测的自然现象中得到灵感，把它同妖魔鬼怪联系在一起，以增加魔怪出现时的神秘感，从而为那些世人传诵的不朽篇章平添了几分光彩。

景象的日月同辉

每逢阴历十月初一的凌晨，浙江南北湖畔的高阳山上，总是蜂拥着数千人，等着观赏"日月同升"的奇景。

凌晨 5 时，人们聚集在 187 米高的峰顶上，面对茫茫东海，焦急地等待着奇景的出现。半小时后，奇景终于出现了，只见一轮红日从水天相连处喷薄而出，稍后，与红日日轮一般大小的淡黄色"月球"，在红日旁边冉冉升起，红黄两轮同时缓缓跳动着，持续约 5 分钟。此时此刻，东方的天空披上了一片绚丽的彩霞，道道金光射向浩瀚的东海，如镜的海面经晨风轻拂，犹如铺上了无数锦缎的彩带，向远处伸张，蔚为壮观。

日月同辉

每年出现"日月同升"奇景的时间最短的只有 5 分钟，最长的达 31 分钟，一般的为 15 分钟左右。出现的景象每年也不尽相同。有时，一轮红日先从地平线上升起，而后一个黑影跃出，并且在红日左右，上下跳动，不久，红日光芒四射，黑影随之消失；有时，太阳与"月球"合为一体，重叠同时升起，太阳圆面稍大于"月球"圆面，因而便在太阳面周围露出一个明亮的光环，像是日环食；有时，"月球"抢先升起，太阳随后露出脸，形成太阳托着"月球"一起跃动的景象。

对于这种"日月同升"奇景，目前，人们还没有一个完满的科学解释，有的天文学家这样解释：这里背山面海，没有任何物体遮挡，而且鹰窠顶山峰与水天相接处，基本上保持平射线角度。由于天文因素，太阳到了阴历十月初一便会浮到东南方向，而这天正好月球移到太阳旁边，因而形成"日月同升"的现象。

有的气象学家则认为，"日月同升"是一种"地面闪烁"现象，是由于当时近地面大气密度的急剧变化引起的。由于南北湖的自然条件比较特殊，冷暖气流对流频繁，使空气的密度不停地变化着。太阳在不同密度的空气中传播，会产生各种异常的折射现象。这时候看上去太阳仿佛像小松鼠蹦跳不息似的，忽上忽下，忽左忽右地在天边跳动着。

151

黑夜彩虹

1984 年 9 月 11 日，那天正是农历八月十五日的中秋节。这天晚上一轮玉盘似的满月嵌在墨蓝色天幕上，皎洁的月光像水似地泻向大地。晚上 8 时多，我国辽宁省新金县城关普兰镇正逢阵雨初霁，居民们在庭院里兴致勃勃地边吃月饼边赏中秋月。这时，人们惊奇地发现，在西方半空中出现了一条光带，像是一座彩桥从南伸向北方。由于是在夜间出现的，光带的色彩不太分明，但是，仍然可以分辨出上层的淡红色和下层的淡绿色。大约经过五六分钟，随着云层的移动，光带逐渐消失了，这一奇异的大气光象的起因是什么呢？原来那天晚上月光如洗，又正巧碰到刚刚下过阵雨，因此确认这一大气光象是被气象工作者称为月虹的景象。

黑夜彩虹

在美国约克郡斯普郭城，1987 年的一个月夜，一轮巨大的满月高悬中天，犹如一个磨光的银盘，光华四射，天宇清澄，群星黯然无光。就在这月色溶溶的夜晚，墨蓝色的天壁上，突然出现了一道彩虹。不少人为此惊慌失措，纷纷议论说是外星人发来的信号，预示他们即将乘坐"飞碟"光临地球。

彩虹满天通常是白天雨后出现的。但是，在夜间，只要有明亮的月光，大气中又有适当的水滴，月光在大气中的雨滴上经过折射和反射，同样可以形成彩虹——月虹。因为月光也是月球反射的太阳光，所以月虹的色彩同样也是由红、橙、黄、绿、蓝、靛和紫七种可见的单色光组成的。不过，由于月光比太阳光弱得多，因而形成的月虹自然也暗得多。正因为月光较弱，所以多数的月虹都呈现白色。像辽宁省新金县和美国约克郡这次出现的能分辨出色彩的月虹，为数是不多的。

"雷公墨"之谜

在暴雨倾泻后的海南岛，往往会发现地里有一种杏子大小，长约十几厘米，样子奇特的黑色玻璃质石块。由于它总是在雷雨之后出现，因此被称为"雷公墨"。

那么，"雷公墨"是怎么形成的呢？

目前科学界大致有 5 种解释：

（1）它与雷电有关。从分布特征看，在我国，雷公墨不仅在海南岛有，也可见于雷州半岛，闽粤沿海和台湾等地。在世界上，主要集中分布于 4 个地区，即澳亚散布区、象牙海岸散布区、北美散布区、莫尔达维散布区。此外，在埃及西部的沙漠地带及其他一些地方也有

雷公墨

少量发现。各散布区的玻璃质石块都具有相似的地质年龄。这些情况显然表明它们的形成与雷电这种遍布全球的自然现象毫无关系。

（2）它是火山喷出的物质。当火山爆发时，喷出的炽热气体中充满了火山灰，并常伴有雷电。闪电使灰尘形成一种气泡，它常会因种种原因而破裂，形成一些物质掉到地上。但是火山的分布与雷公墨的散布区并不吻合，而且火山形成的这种物质中常有一些微晶和骸晶物质，而雷公墨却是均一的玻璃质。

（3）它是陨石。每一散布区的玻璃陨石代表了一次陨落事件，因此它

们都有相似的年龄值。由于陨石落的方向也与陨石母体与地球的相对位置有关，这就导致了玻璃陨石呈有限的 4 个地区分布的状态。但是有史以来人们看到的自天而降的陨石只有 3 种，从来没有发现过玻璃陨石的降落，而且它们的年龄值相差也很大，所以很难说雷公墨来源于天体。

（4）它来自月球，可能是月球火山喷发物飞溅到地球上而形成的。月球起源说既能解释玻璃陨石在物质成分上所表现出来的地外成因特征，也能说明玻璃陨石所具有的陨石分布特点，还能说明它为什么与常见的 3 类陨石有明显的差异，及它为什么具有明显小得多的年龄值。可是月球早在 31 亿年前已结束火山活动，根本不具有喷出如此多玻璃陨石到地球上的火山作用。

（5）它是地球陨石坑的产物。它的形成与偶而陨落的巨大陨石的撞击有关。对古地磁的研究发现，地磁极会突然转向，它与巨大陨石的撞击有关，而几次雷公墨的形成年龄正好和地磁转向年龄吻合。

但是巨大的陨石轰击事件比雷公墨出现的频率要多，为什么雷公墨的年龄只限于 3000 万～4000 万年以内呢？目前还没有明确的答案。